Biologie heute

Zellbiologie · Genetik

**Ein Lehr- und Arbeitsbuch
für den Sekundarbereich II**

Jaenicke · Kähler

Schroedel Schulbuchverlag

Biologie heute
Zellbiologie · Genetik

Herausgegeben und bearbeitet von
Dr. Joachim Jaenicke
Dr. Harald Kähler

unter Mitwirkung von
Gero Holl
Dr. Anton Monzer
in Zusammenarbeit
mit der Verlagsredaktion

Illustrationen:
Liselotte Lüddecke
Wolfgang Freitag

ISBN 3-507-**76009**-6

© 1986 Schroedel Schulbuchverlag GmbH, Hannover

Druck A $^{10\ 9\ 8\ 7\ 6}$ / Jahr 2004 03 02 01 00

Alle Drucke der Serie A sind im Unterricht parallel verwendbar. Die letzte Zahl bezeichnet das Jahr dieses Druckes.

Gesamtherstellung:
Universitätsdruckerei H. Stürtz AG, Würzburg

CHLORFREI
Gedruckt auf Papier, das nicht mit Chlor gebleicht wurde. Bei der Produktion entstehen keine chlorkohlenwasserstoffhaltigen Abwässer.

Fotonachweis

Titelbild: Lieder; 6.1., 8.1., 8.2., 9.1., 9.2., 10.1.: Jaenicke; 10.2.A: Kage; 11.1.A: Lieder; 11.1.B, 11.2.A: Kage; 12.1., 13.1.A, 13.2., 14.1.(A,B): Jaenicke; 14.1.C: Lieder; 16.1.: Carl Zeiss, Oberkochen; 17.1.A, 17.2.A: Jaenicke; 18.1.A, 19.1.A: Jung; 20.3.A: Angermayer; 21.2.A, 23.2.: Jaenicke; 24.1.: Carl Zeiss, Oberkochen; 25.2.: Kage; 26.1., 26.2., 26.3., 27.2., 28.1.A, 32.1.(A,B): Jaenicke; 36.1.: Tegen; 37.2.: Jaenicke; 38.1.: Tegen; 44.1., 46.1., 47.1., 47.2.A, 49.1.(A,B): Jaenicke; 49.2.: Kage (oben), V-DIA-Verlag (unten); 50.1.(A,C), 51.2.: Jaenicke; 54.1.A: Frey; 54.2., 55.1., 56.1.(A,B), 57.1.A, 61.1.A: Jaenicke; 62.1.B: Tegen; 64.2.A: Jung; 64.1., 65.1.(A,B), 65.2.A, 66.1.(A,B): Jaenicke; 67.1.B: Laursen; 68.1.(A,B): Lieder; 70.1.A: Scheid/Traut, Münster; 70.1.B, 71.1., 75.1.: Jaenicke; 80.1.: Eckhardt/SILVESTRIS; S. 84: V-DIA-Verlag/Deutsche Lichtbildgesellschaft (E. coli-Kolonien), Kage (E. coli, REM), Kölbel, Borstel (E. coli mit Phagen); 85.1.A, 86.1.A: Bresch/Hausmann, Klassische und molekulare Genetik, Springer-Verlag Berlin, Heidelberg, New York; 90.1.: Schmidt/Photo-Center; 96.1.: Jung; S. 99 (Exk.): Jaenicke; 100.1.: Jung; 100.2.: Lieder; 104.1.: Pott/MAURITIUS (links), Holt Studios/BAVARIA; 106.1.A: Eckhardt/SILVESTRIS; 107.1.: V-DIA-Verlag/Deutsche Lichtbildgesellschaft; 108.1.: Lieder; 110.1., 110.2.B: V-DIA-Verlag/Deutsche Lichtbildgesellschaft; 110.2.A: Jung; 111.1., 112 (Exk.): Fonatsch; 113.1.: action press; 114.1.: Reinbacher; 118.1.: Daumer; 124.1.(A,B): Apel; 125.1.A: Jung; 127.1.A: Instituut voor de Veredeling van Tuinbouwgewassen, Wageningen; 128.1.A: Fonatsch; 129.1.: Carl Zeiss, Oberkochen (links), Bessis, Kremlin-Bicêtre (rechts); 131.2.: Bildarchiv für Medizin, München; 132.1.: Körber-Grohne, Univ. Hohenheim; 134.1.: Jaenicke; 136.1.: Saaten-Union, Hannover; 136.2.: Pollmer; 138.1.: dpa; 140.1., 141.1.: Shepard.

Inhaltsübersicht

Das lichtmikroskopische Bild der Zelle

6.1. Zwiebelhäutchen. *A Auge; B Lichtmikroskop*

1. Lichtmikroskopische Untersuchungstechniken

1.1. Das Lichtmikroskop leistet mehr als das Auge

Betrachtet man ein Zwiebelhäutchen im Gegenlicht, so erscheint es lichtdurchlässig wie Pergamentpapier. Einzelheiten sind auch bei Betrachtung aus der Nähe nicht zu erkennen. Untersucht man das Zwiebelhäutchen dagegen mit einem Lichtmikroskop, wird der Aufbau aus langgestreckten, vieleckigen Zellen sichtbar. Wieso kann man mit dem Mikroskop Strukturen erkennen, die mit bloßem Auge nicht sichtbar sind?

Die Linse des menschlichen **Auges** wirkt wie eine Sammellinse. Dabei wird der betrachtete Gegenstand umgekehrt auf der Netzhaut abgebildet. Je näher ein Gegenstand an das Auge gerückt wird, desto stärker wird die Linsenoberfläche gekrümmt. Die Augenlinse kann sich jedoch nicht beliebig stark krümmen. Ihre stärkste Krümmung ist im Nahpunkt erreicht. Der **Nahpunkt** – er liegt bei Jugendlichen etwa 10 cm vor dem Auge – ist der Punkt, bei dem ein Gegenstand gerade noch scharf gesehen wird.

Je näher ein Gegenstand an den Nahpunkt rückt, desto größer wird das Netzhautbild. Je größer das Netzhautbild ist, desto mehr Einzelheiten eines Gegenstandes sind erkennbar. Das Auge kann jedoch nur dann zwei Punkte eines Gegenstandes getrennt wahrnehmen, wenn die beiden Bildpunkte auf verschiedene Sehzellen fallen. Dieser noch auflösbare Mindestabstand zweier Gegenstandspunkte wird als **Auflösungsgrenze** bezeichnet. Sie ist erreicht, wenn die Licht-

strahlen, die von den zwei Gegenstandspunkten ausgehen, das Auge unter einem Sehwinkel von 1 Bogenminute treffen. Das entspricht bei Betrachtung aus 25 cm Entfernung einem Abstand der beiden Punkte von etwa 0,1 mm.

Liegen die Gegenstandspunkte dichter als 0,1 mm zusammen, benötigt man optische Hilfsmittel zur Auflösung. Setzt man z.B. vor das Auge eine Sammellinse aus Glas, wird der Sehwinkel vergrößert. Mit einer solchen Vorsatzlinse oder **Lupe** können Gegenstände noch näher an das Auge herangebracht werden, ohne daß sie unscharf auf der Netzhaut abgebildet werden. Bei Verwendung einer 8fach vergrößernden Lupe z.B. wird auch der Sehwinkel um das 8fache vergrößert. Die Fläche des Netzhautbildes erweitert sich demnach um das 64fache. Mit einer solchen Lupe sind zwar Umrisse der Zwiebelhautzellen zu erkennen, jedoch keine Zellbestandteile.

Stärkere Vergrößerungen sowie ein höheres Auflösungsvermögen erzielt man mit dem **Lichtmikroskop.** Die Vergrößerung erfolgt mit Hilfe von zwei Linsensystemen, dem *Objektiv* und dem *Okular*. Das Objekt wird auf dem Objekttisch von unten durchleuchtet. Das Objektiv erzeugt wie bei einem Projektionsapparat ein vergrößertes Bild des Objekts. Dieses „Zwischenbild" entsteht im oberen Teil des *Tubus* und wird mit dem Okular wie durch eine Lupe noch einmal vergrößert. Die **Gesamtvergrößerung** errechnet sich also aus dem Produkt der Vergrößerungen von Objektiv und Okular.

Okular: Linsensystem, das dem Auge zugewandt ist. Okulare sind austauschbar. Die Eigenvergrößerung ist eingraviert; sie beträgt z.B. 5×, 10×.

Triebrad: Der Grobtrieb dient zur groben Scharfeinstellung z.B. bei kleinster Gesamtvergrößerung. Mit dem Feintrieb können dann durch Drehen der Mikrometerschraube verschiedene Ebenen des Objekts scharfgestellt werden.

Kondensor: Er ist ein Linsensystem zur Erhöhung der Bildhelligkeit sowie zur gleichmäßigen Ausleuchtung des Präparates.

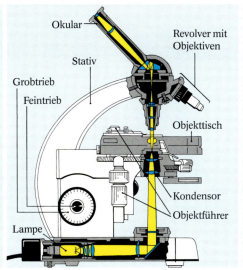

Okular
Revolver mit Objektiven
Stativ
Grobtrieb
Feintrieb
Objekttisch
Kondensor
Objektführer
Lampe

Objektiv: Linsensystem, das dem Objekt zugewandt ist. Die Eigenvergrößerung ist eingraviert; sie beträgt z.B. 10×, 45×, 100×.

Objektivrevolver: In den drehbaren Objektivrevolver sind mehrere Objektive geschraubt, die so schnell gewechselt werden können.

Objekttisch: Er enthält eine Öffnung sowie zwei Halteklemmen. Über die Öffnung wird das Präparat geschoben. Das *Präparat* ist der Objektträger mit dem Objekt, das durch ein Deckglas bedeckt ist. Der Objektträger wird mit den Klemmen festgehalten.

7.1. Lichtmikroskop. *Aufbau und Funktion der Teile*

Die Vergrößerung läßt sich jedoch nicht beliebig steigern. Auch das Lichtmikroskop hat eine Auflösungsgrenze. Sie liegt bei etwa 0,25 μm. Das entspricht der Hälfte der durchschnittlichen Wellenlänge des sichtbaren Lichtes. Mit einem guten Lichtmikroskop werden dabei Vergrößerungen von etwa 2000fach erzielt. Betrachtet man also das Zwiebelhäutchen durch ein Mikroskop bei 400facher Vergrößerung, so ist das Netzhautbild 400mal so groß wie bei der Betrachtung mit bloßem Auge aus 25 cm Entfernung.

1. Wie kann mit einem Diaprojektor und einer Lupe das Vergrößerungsprinzip des Lichtmikroskops demonstriert werden?

2. Ziehen Sie mit einem Folienstift einen Strich auf einen Objektträger. Untersuchen Sie diesen Strich mit einer Lupe und mit einem Mikroskop. Beachten Sie beim Mikroskopieren die Bedienungshinweise.

Richtige Bedienung des Mikroskops

1. Am Mikroskop ist die kleinste Objektivvergrößerung eingestellt. Die Mikroskoplampe wird eingeschaltet. Das Präparat wird so auf den Objekttisch gelegt, daß sich das Objekt über die Mitte der Objekttischöffnung befindet. Dann wird das Objekt scharf eingestellt.
2. Einstellung eines stärker vergrößernden Objektivs: Unter seitlichem Beobachten werden Objekttisch und Objektiv durch Drehen des Grobtriebs so weit aufeinander zubewegt, bis sich Objektiv-Frontlinse und Deckglas fast berühren. Nun blickt man durch das Okular und stellt das Objekt scharf ein, indem man mit dem Grobtrieb *das Objektiv vom Objekt wegdreht.*
3. Mit dem Feintrieb wird dann die gewünschte Bildebene scharf eingestellt. Vor erneutem Einschwenken eines stärker vergrößernden Objektivs muß erst der Abstand zwischen Objektiv und Objekt vergrößert werden. Anschließend verfährt man weiter nach 2.
4. Beendigung des Mikroskopierens: Lampe ausschalten; kleinste Objektivvergrößerung einstellen; Präparat entfernen; ggf. den Objekttisch und die Objektiv-Frontlinsen mit weichem Lappen reinigen.

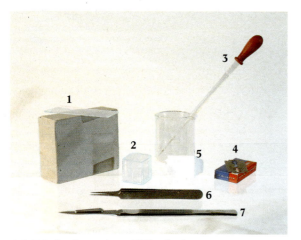

8.1. Frischpräparation – Hilfsmittel.
1 Objektträger; 2 Deckgläser; 3 Saugpipette;
4 Rasierklinge; 5 Styropor; 6 Pinzette; 7 Skalpell

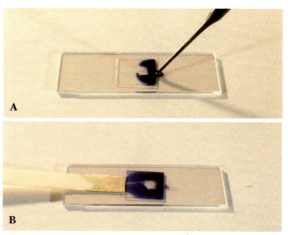

8.2. Frischpräparat – Färbung. *Ein Tropfen eines Färbe-*
mittels (z. B. Methylenblau) wird an den Rand des Deck-
gläschens pipettiert (A) und mit einem Streifen Filtrier-
papier durchgesaugt (B).

1.2. Präparate – frisch oder dauerhaft hergestellt

Ein Fliederblatt soll mikroskopisch untersucht werden. Betrachtet man es unbehandelt durch ein Mikroskop, sind keine Strukturen zu erkennen. Das Objekt
muß also für die Mikroskopie zunächst vorbereitet
werden. Wie erfolgt eine solche Präparation?
Objekte für die Lichtmikroskopie müssen dünn und
lichtdurchlässig sein. Die Präparation einer Planktonprobe, eines Blattes der Wasserpest oder eines Moos-
blättchens ist daher einfach durchzuführen: Auf einen
Objektträger pipettiert man einen Tropfen Wasser, gibt
das Objekt hinzu und bedeckt es mit einem Deckgläs-
chen. Den so vorbereiteten Objektträger bezeichnet
man als **Präparat.** Da die Objekte unbehandelt, also
„frisch" verwendet werden, spricht man auch von
Frischpräparaten.
Oft sind die Objekte nicht durchscheinend. Zur Herstellung eines Frischpräparates muß das Fliederblatt
z.B. in dünne Scheiben geschnitten werden. Sie lassen
sich mit einer Rasierklinge von Hand anfertigen. Je
nach Schnittrichtung erhält man so Quer- und Längs-
schnitte. Allerdings sind diese Handschnitte meist un-
gleichmäßig dick. Dünnschnitte gleichbleibender
Dicke und Qualität erhält man mit einem Schneidegerät, einem **Mikrotom.** Es enthält eine Objekthalterung,
die mit einer Mikrometerschraube gleichmäßig gehoben werden kann. Ein Metall-, Glas- oder Diamant-
messer wird plan am Objekt vorbeigeführt. So entste-

Arbeitsweise

1. Ein Wassertropfen wird auf einen Objektträger pipettiert.
2. Das Objekt wird in den Wassertropfen gebracht.
3. Ein Deckglas wird *seitlich* an den Tropfen gesetzt
und *langsam* aufgelegt. **Achtung:** Ist der Tropfen zu
klein, bleiben Luftblasen unter dem Deckglas. In diesem Fall wird vom Deckglasrand her vorsichtig mit
einer Pipette Wasser zugefügt. Ist der Tropfen zu
groß, schwimmt das Deckglas hin und her. Überschüssiges Wasser wird mit einem Streifen Filtrierpapier von der Seite her vorsichtig abgesaugt.
Je nach Objekt unterscheidet man:

Total-präparat	Objekte werden unbehandelt präpariert wie z.B. Kleinlebewesen des Wassers (Algen, Einzeller, Wasserflöhe etc.).
Zupf- und Quetsch-präparat	Durchscheinende Teile von Pflanzen und abgestorbenen Tieren werden ent-weder mit dem Präparierbesteck zer-zupft (z.B. Leber, Mundschleimhaut), mit Hilfe einer Pinzette abgezogen (z.B. Blattepidermen, Haare, Moosblätt-chen) oder auf dem Objektträger vor-sichtig gequetscht (z.B. Wurzelspitzen).
Schnitt-präparate	Nichtdurchscheinende Pflanzenteile werden zwischen längshalbierte Styro-porblöckchen gesteckt und mit einer scharfen Rasierklinge in dünne Schei-ben geschnitten. Dabei zieht man die Klinge *langsam* und *gleichmäßig* unter Vorwärts- und Seitwärtsbewegung auf sich zu. Bei Flächenschnitten von Blättern wird das Blatt über den Zeigefinger gerollt und parallel zur Blattfläche geschnitten.

8.3. *Frischpräparation*

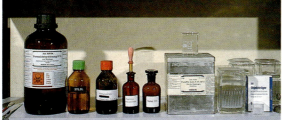

9.1. Dauerpräparation – Hilfsmittel

9.2. Schneidegerät (Mikrotom)

hen Objektscheiben von wenigen Mikrometern Dicke. Von weichen Objekten, z.B. embryonalem Gewebe, lassen sich Dünnschnitte mit dem Mikrotom erst nach einer aufwendigeren Präparation herstellen. Die Objekte werden zunächst abgetötet. Dabei sollen sie in einem möglichst getreuen Abbild des lebenden Zustands festgehalten werden. Eine solche *Fixierung* geschieht z.B. mit Alkohol oder Formalin. Vor der Einbettung in härteres, aber gut schneidbares Material wird das Objekt entwässert. Die *Entwässerung* erfolgt nacheinander in Alkohol mit stufenweise ansteigender Konzentration. Anschließend wird die *Einbettung* des Objektes in flüssiges Paraffin vorgenommen. Nach dem Erhärten des Paraffins kann das Objekt mit dem Mikrotom geschnitten werden. Die Dünnschnitte werden auf Objektträger gebracht, von Paraffin befreit und gefärbt. Durch die *Färbung* mit bestimmten Farbstoffen werden bestimmte Zellbestandteile besonders deutlich hervorgehoben. Das Objekt wird dann dauerhaft mit einem *Einschlußmittel* aus Kunstharz und einem Deckglas versehen. Ein solches Präparat bezeichnet man als *Dauerpräparat*.

1. Stellen Sie tabellarisch Vor- und Nachteile von Frisch- und Dauerpräparaten zusammen.

Fixieren	Objektstücke werden in ein verschließbares Gefäß mit Fixierlösung gegeben (z.B. 4%ige Formaldehydlösung). Anschließend wird das Fixiermittel in Wasser ausgewaschen.
Entwässern	Die fixierten Objektstücke werden nacheinander in 40%igen, 60%igen, 80%igen, 96%igen und absoluten Alkohol geführt. Der Alkohol wird durch ein paraffin- und alkohollösendes Mittel ausgewaschen (z.B. Xylol, Benzol).
Einbetten	Die Objektstücke werden zunächst in ein Paraffin-Lösungsmittel-Gemisch gelegt. Dann wird das Gemisch erwärmt, wobei das Lösungsmittel verdunstet. Die Objekte werden anschließend in reines, geschmolzenes Paraffin übergeführt. Nach dem Eingießen in Schälchen wird das flüssige Paraffin gekühlt.
Schneiden	Der erkaltete, feste Paraffinblock wird auf eine Unterlage geschmolzen und mit dem Mikrotom geschnitten. Die Schnitte werden auf Objektträger übertragen.
Färben	Die Dünnschnitte werden in einer Xylolreihe absteigender Konzentration vom Paraffin befreit. Anschließend durchlaufen sie eine absteigende Alkoholreihe bis zum destillierten Wasser. Dann erfolgt die Zugabe des Färbemittels.
Einschließen	Die gefärbten Schnitte durchlaufen eine aufsteigende Alkoholreihe und werden in ein Kunstharz eingeschlossen (z.B. Euparal).

9.3. Dauerpräparation

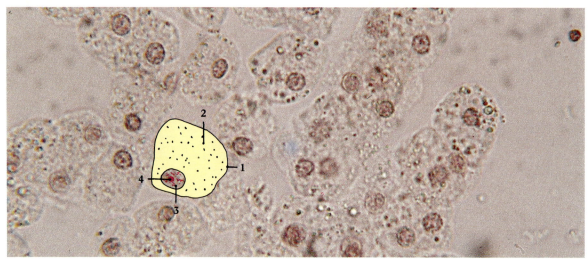

10.1. Leberzellen (gefärbt mit Orcein-Essigsäure). 1 Zellmembran; 2 Cytoplasma; 3 Zellkern (Nucleus); 4 Kernkörperchen (Nucleolus).

2. Zellen – Bausteine der Lebewesen

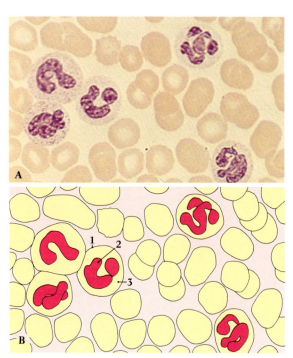

10.2. Blutzellen. A LM-Bild; B Schema. Fertig ausgebildeten roten Blutkörperchen fehlt der Zellkern.

1. Ordnen Sie den Ziffern in 10.2.(B) entsprechende Begriffe zu. Um welche Art von Gewebe handelt es sich beim Blut?

2.1. Tierische Zellen – mikroskopisch betrachtet

Leber, Herz, Magen und Muskeln eines Tieres unterscheiden sich in Aussehen und Gestalt. Gemeinsam ist ihnen der Aufbau aus Zellen. Wie sehen die Zellen dieser Körperteile aus?

Lichtmikroskopische Untersuchungen von Leberzellen z.B. ergeben einen einheitlichen Aufbau: Jede **Zelle** wird von einer **Zellmembran** begrenzt. Im **Cytoplasma** hebt sich deutlich der **Zellkern** mit den **Kernkörperchen** hervor. Leberzellen dienen sowohl dem Aufbau und Abbau als auch der Speicherung von Stoffen. Einen solchen Verband gleichartiger Zellen mit bestimmter Aufgabe bezeichnet man als **Gewebe.**

Jeder Körperteil setzt sich aus Geweben zusammen. So schließt die Dünndarmschleimhaut den Darm zur Körperhöhle hin ab. Solche Gewebe, die Körperoberflächen bedecken, heißen *Deckgewebe* oder **Epithelien.** Die Zellen des Dünndarmepithels unterscheiden sich von denen der Leber durch ihre zylinderförmige Gestalt, die Ausbildung eines Bürstensaums sowie durch ihre Funktion der Aufnahme von Nährstoffen und der Produktion von Schleimen.

Darm, Leber, Herz, Muskeln und andere Körperteile werden durch **Bindegewebe** verbunden. Seine Zellen sind durch eine ausgeschiedene *Interzellularsubstanz* voneinander getrennt. Bindegewebsfasern durchziehen diese Grundsubstanz und verleihen dem Gewebe Festigkeit. Im *Fettgewebe* liegen Fettzellen mit großen

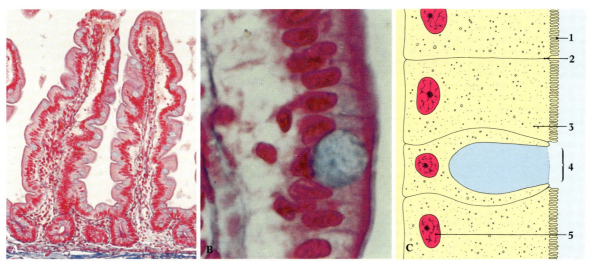

11.1. Dünndarm. *A Zotte (LM-Bild); B Ausschnitt; C Schema des Ausschnitts; 1 Bürstensaum (Mikrovilli); 2 Zellmembran; 3 Cytoplasma; 4 Becherzelle; 5 Zellkern.*

Fetttropfen zwischen Bindegewebsfasern. Beim *Knorpelgewebe* sind die Zellen in einer elastisch-festen Grundsubstanz eingebettet, die beim *Knochengewebe* durch Einlagerung von Salzen erhärtet ist. Gewebe, die dem Organismus Festigkeit und Stütze verleihen, heißen auch **Stützgewebe.**

Bindegewebe verbinden auch Muskeln und Knochen. In den Sehnen z.B. sind die Bindegewebsfasern parallel ausgerichtet. Dieses *straffe Bindegewebe* ist daher sehr zugfest. **Muskelgewebe** besteht aus langgestreckten Zellen, die im Cytoplasma längsverlaufende kontraktile Fibrillen enthalten. Bei der *glatten Muskulatur* in Darm- und Gefäßwänden sind die spindelförmigen Muskelzellen vorwiegend einkernig. Die Skelettmuskulatur dagegen enthält vielkernige, lange Muskelzellen, deren Fibrillen lichtoptisch quergestreift aussehen. Die Kontraktion solcher *quergestreiften Muskulatur* wird dabei über Nervenzellen gesteuert. Nervenzellen des Gehirns und des Rückenmarks bilden das **Nervengewebe.**

2. Schaben Sie mit dem Stiel eines sauberen Teelöffels von der Innenseite Ihrer Wange etwas Schleimhaut ab. Fertigen Sie ein Frischpräparat nach Abb. 8.3. an. Mikroskopieren Sie bei starker Vergrößerung und zeichnen Sie.

3. Ordnen Sie den Ziffern in 11.2. entsprechende Begriffe zu. Kennzeichnen Sie die Gewebeart des Fettgewebes.

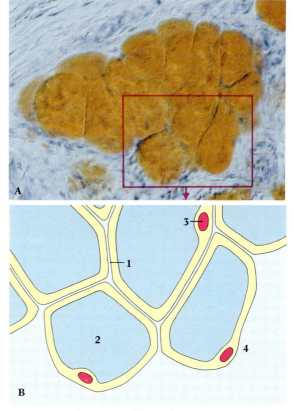

11.2. Fettgewebe. *A LM-Bild; B Schema*

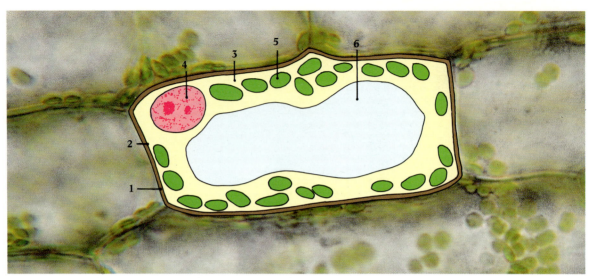

12.1. Blattgewebe. *1 Zellwand; 2 Zellmembran; 3 Cytoplasma; 4 Zellkern; 5 Chloroplast; 6 Vakuole.*

2.2. Lichtmikroskopische Untersuchungen an Pflanzenzellen

Eine Küchenzwiebel hat äußerlich mit einer Wasserpflanze wie der Wasserpest keine Ähnlichkeit. Dennoch besitzen beide Pflanzen Blätter: An der gestauchten Sproßachse der Zwiebel sitzen Schuppenblätter, an der Sproßachse der Wasserpest grüne Blätter. Worin unterscheiden sich die Zellen dieser verschiedenen Blattformen?

Ein mikroskopischer Vergleich zeigt zunächst einen grundsätzlich gleichen Zellaufbau: Jede Zelle wird von einer **Zellwand** umgeben. Sie verleiht der Zelle eine vieleckige Form. Da Zellwände porös sind, das Zellinnere jedoch nicht „ausläuft", muß das **Cytoplasma** durch eine „plasmaundurchlässige" Zellhaut zusätzlich begrenzt sein. Eine solche **Zellmembran** ist lichtoptisch nicht sichtbar. Gut sichtbar dagegen sind im Cytoplasma der Schuppenblattzelle der **Zellkern** und lichtoptisch „leer" erscheinende, jedoch mit Zellsaft gefüllte **Vakuolen.** Diese Zellbestandteile werden in den Blattzellen der Wasserpest durch eine Vielzahl von Blattgrünkörnern, die **Chloroplasten,** überdeckt.

In den Chloroplasten können die Blattzellen der Wasserpest mit Hilfe des Lichtes aus Kohlenstoffdioxid und Wasser Traubenzucker und Stärke aufbauen. Diesen Vorgang bezeichnet man als *Photosynthese.* Die grünen, gleichartig aufgebauten Blattzellen erfüllen also eine bestimmte Aufgabe. Sie bilden ein **Gewebe.** Beim Zwiebelschuppenblatt liegen verschiedene Gewebe vor: Ein chloroplastenfreies **Grundgewebe,** das zur Speicherung von Nährstoffen dient, wird von einem oberen und einem unteren *Hautgewebe,* der **Epidermis,** geschützt. Die obere Epidermis läßt sich als „Zwiebelhäutchen" leicht vom Grundgewebe lösen.

1. Zupfen Sie von einer Moospflanze mit einer Pinzette vorsichtig ein einzelnes Moosblättchen ab. Stellen Sie nach Abbildung 8.3. ein Frischpräparat her. Mikroskopieren Sie bei etwa 200facher Vergrößerung. Fertigen Sie eine Zeichnung mit Beschriftung an.

2. Von der oberen Epidermis eines Zwiebelschuppenblattes (= Innenseite der Zwiebelschuppe) werden mit einer Rasierklinge kleine Quadrate (ca. 5×5 mm) eingeschnitten. Lösen Sie mit einer spitzen Pinzette vorsichtig ein Epidermisstückchen und fertigen Sie nach Abbildung 8.3. ein Frischpräparat an. Mikroskopieren Sie und zeichnen Sie. Färben Sie anschließend das Präparat mit einer verdünnten Methylenblau-Lösung (s. Abbildung 8.2.). Mikroskopieren Sie und vergleichen Sie mit dem ungefärbten Präparat.

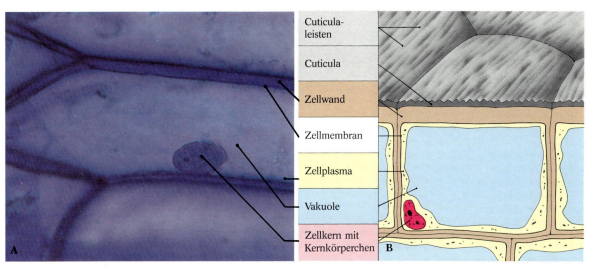

Cuticula-leisten
Cuticula
Zellwand
Zellmembran
Zellplasma
Vakuole
Zellkern mit Kernkörperchen

13.1. Pflanzliche Zellen. A Zwiebelhäutchen, gefärbt (LM-Bild); B Epidermis (Schema). Die Cuticula ist eine wachsartige Ausscheidung. Sie ist wasserundurchlässig und schützt vor Verdunstung.

Plasmaströmung

In Blattzellen der Wasserpest beobachtet man unter dem Mikroskop eine Bewegung der Chloroplasten entlang der Zellwand. Es handelt sich hierbei um keine Eigenbewegung, sondern die Chloroplasten werden passiv durch strömendes Cytoplasma mitgeführt. Die Strömung des wandständigen Plasmabelags erfolgt gleichgerichtet um die große Zentralvakuole. Man spricht bei dieser umlaufenden Plasmaströmung von einer *Rotationsbewegung*. In Zellen, in denen die Vakuole netzartig von Cytoplasmasträngen durchzogen wird, kann sich die Strömungsrichtung in den einzelnen Strängen unterscheiden. Eine solche Plasmaströmung nennt man *Zirkulationsbewegung*. Kontraktile Eiweißfilamente sind offenbar an der Plasmabewegung beteiligt. Die Strömungsgeschwindigkeit wird durch Außeneinflüsse wie Licht, Chemikalien oder Verletzungen beeinflußt.

3. Die Staubfäden in der Blüte der Ampelpflanze Tradescantia werden von Haarbüscheln umhüllt. Zupfen Sie einige Staubfadenhaare aus sich gerade öffnenden Blüten ab und fertigen Sie ein Präparat nach Abb. 8.3. an. Mikroskopieren Sie.

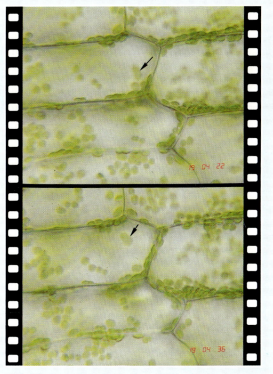

13.2. Plasmaströmung in einer Blattzelle der Wasserpest

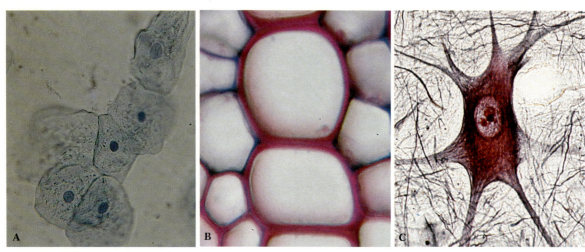

14.1. Pflanzliche und tierische Zellen

2.3. Pflanzliche und tierische Zellen im Vergleich

Die menschliche Haut kann man unbeschadet eindrücken, falten oder spannen. Mit pflanzlichen Hautgeweben dagegen lassen sich derartige Verformungen kaum durchführen. Woran liegt das?

Pflanzliche Zellen sind von festen, formgebenden *Zellwänden* umgeben. Epidermiszellen können sogar unterschiedlich dicke Zellwände besitzen. Verdickte Außenwände findet man z.B. in der Epidermis von Blättern und Sproßachsen. Allseitig stark verdickt sind die Zellwände des *Festigungsgewebes*. Festigungsgewebe dient der Festigung von Sproßachse, Wurzel und Blättern. Es liegt z.B. in den *Leitbündeln*. Leitbündel enthalten außerdem Zellen zum Transport von Stoffen aus der Wurzel bis in die Blätter und umgekehrt. Organische Stoffe werden in Zellen transportiert, die *Siebröhren* heißen. Der Wassertransport erfolgt in *Gefäßen*. Das sind Röhren, die aus mehreren, abgestorbenen Zellen durch Auflösen der Querwände entstanden sind. Die Gefäßwände sind durch ring-, spiral- oder netzförmige Verdickungen zusätzlich gefestigt. Besonders dünne Zellwände sind in Zellen von Wachstumszonen wie Sproß- und Wurzelspitze zu beobachten. Solche wachsenden Gewebe bezeichnet man als *Bildungsgewebe* oder *Meristeme*.

Zellwände sind also typisch für pflanzliche Zellen. Tierische Zellen dagegen werden nur von einer elastischen *Zellmembran* begrenzt. Epithel-, Bindegewebs-, Muskel- und Nervenzellen sind also weich und verformbar. Tierische Zellen unterscheiden sich außerdem von pflanzlichen Zellen durch das Fehlen von *Vakuolen* und *Plastiden* wie z.B. Chloroplasten.

2. Geben Sie in ein kleines Becherglas mit etwa 5 ml Rohrzuckerlösung (8%ig) ein kleines Stück frische Rinderleber. Zerschneiden Sie das Leberstück im Becherglas so lange, bis eine braunrote Suspension entsteht. Fertigen Sie mit einem Tropfen der Suspension ein Frischpräparat nach Abb. 8.3. an. Mikroskopieren und zeichnen Sie bei starker Vergrößerung.

3. Schneiden Sie von einem Stück Rindfleisch in Faserrichtung eine kleine Probe ab. Zerzupfen Sie sie in Kochsalzlösung (0,9%ig). Fertigen Sie ein Frischpräparat nach Abb. 8.3. an. Mikroskopieren Sie.

4. Fertigen Sie nach Abb. 8.3. ein Frischpräparat eines Sproßachsen-Querschnitts an (z.B. Stengel vom Mais oder Hahnenfuß). Mikroskopieren und zeichnen Sie bei kleiner Vergrößerung. Zeichnen Sie anschließend ein Leitbündel bei stärkerer Vergrößerung.

Organisation vielzelliger Lebewesen

Sproßachse, Blätter und Wurzel sind Organe bei Pflanzen. Jedes Organ ist aus verschiedenen Geweben aufgebaut, die sich bei der Erfüllung der Organfunktion ergänzen. So hat ein Laubblatt z.B. die Aufgabe, die Pflanze zu ernähren. Das Laubblatt selbst besteht aus den schützenden Epidermisschichten und dem Grundgewebe, dem *Parenchym*. Die Parenchymzellen enthalten Chloropla-

sten und können Photosynthese durchführen. Ein gefärbtes Kronblatt einer Blüte zeigt eine ähnliche Organisation. Allerdings enthalten die Vakuolen von Parenchymzellen Farbstoffe. Kronenblätter dienen damit der Anlockung von Tieren. Die Staubblätter produzieren Pollenkörner, die Fruchtblätter Eizellen. Diese Organe einer Blüte ergänzen sich bei der Fortpflanzung. Die Blüte kann daher als Organsystem bezeichnet werden. Aus Organsystemen setzt sich der Organismus Pflanze zusammen. Auch Tiere zeigen eine ähnliche Organisation.

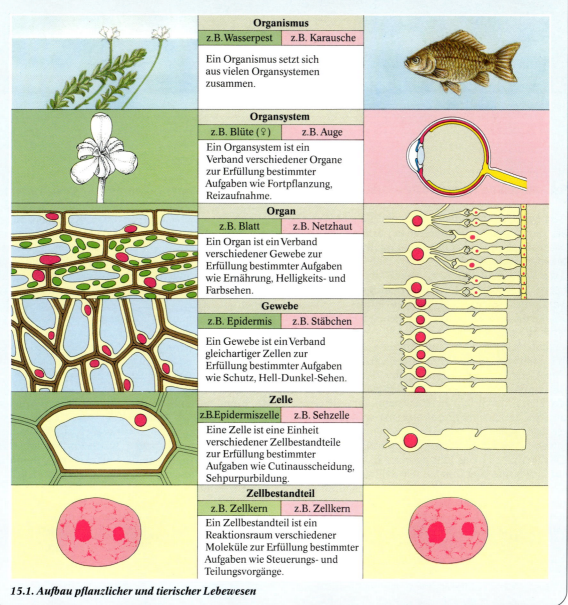

Organismus

z.B. Wasserpest | z.B. Karausche

Ein Organismus setzt sich aus vielen Organsystemen zusammen.

Organsystem

z.B. Blüte (♀) | z.B. Auge

Ein Organsystem ist ein Verband verschiedener Organe zur Erfüllung bestimmter Aufgaben wie Fortpflanzung, Reizaufnahme.

Organ

z.B. Blatt | z.B. Netzhaut

Ein Organ ist ein Verband verschiedener Gewebe zur Erfüllung bestimmter Aufgaben wie Ernährung, Helligkeits- und Farbsehen.

Gewebe

z.B. Epidermis | z.B. Stäbchen

Ein Gewebe ist ein Verband gleichartiger Zellen zur Erfüllung bestimmter Aufgaben wie Schutz, Hell-Dunkel-Sehen.

Zelle

z.B. Epidermiszelle | z.B. Sehzelle

Eine Zelle ist eine Einheit verschiedener Zellbestandteile zur Erfüllung bestimmter Aufgaben wie Cutinausscheidung, Sehpurpurbildung.

Zellbestandteil

z.B. Zellkern | z.B. Zellkern

Ein Zellbestandteil ist ein Reaktionsraum verschiedener Moleküle zur Erfüllung bestimmter Aufgaben wie Steuerungs- und Teilungsvorgänge.

15.1. Aufbau pflanzlicher und tierischer Lebewesen

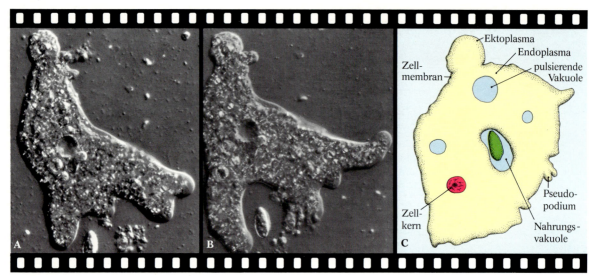

16.1. Amöbe. *Bau (C) und Nahrungsaufnahme (A–C)*

2.4. Einzellige Tiere und Pflanzen

Gibt man Heu von einer ehemals überfluteten Wiese in ein Gefäß mit Wasser, findet man nach einigen Tagen mikroskopisch kleine Lebewesen vor. Wie gelangen sie in diesen Heuaufguß?

Untersucht man mit dem Mikroskop solche Grashalme, kann man an ihnen neben zahlreichen anderen Mikroorganismen auch **Amöben** entdecken. Diese 300–600 µm großen einzelligen Lebewesen sehen wie farblose Schleimklümpchen aus, die ständig ihre Form verändern. Man bezeichnet Amöben daher auch als *Wechseltierchen.* Dieser Gestaltwechsel ist auf zwei verschiedene Zustandsformen des Cytoplasmas zurückzuführen: Das zähflüssige *Ektoplasma* bildet einen klaren, durchsichtigen Randsaum, der nach außen hin von der *Zellmembran* begrenzt wird. Das Cytoplasma im Inneren, das *Endoplasma* ist „flüssiger" und enthält den *Zellkern* und körnige Strukturen. „Verflüssigt" sich das Ektoplasma z.B. an einer Stelle, strömt Plasma vom Inneren der Zelle nach: Es bildet sich eine Ausstülpung, die man als **Scheinfüßchen** oder *Pseudopodium* bezeichnet. Gleichzeitig zieht sich das Cytoplasma im rückwärtigen Teil der Zelle zusammen. Pseudopodien ermöglichen jedoch nicht nur die *Fortbewegung.* Stößt ein Pseudopodium z.B. auf Nahrungsteilchen wie Bakterien oder kleinere Einzeller, werden diese umflossen und in einer Blase eingeschlossen. Sie schnürt sich von der Zelloberfläche ab und gelangt als **Nahrungsvakuole** ins Zellinnere. Hier wird die Nahrung enzymatisch verdaut. Unverdauliche Reste bleiben in der Vakuole zurück. Als *Kotvakuole* wandert sie an die Zelloberfläche und gibt den Inhalt nach außen ab. Den Vorgang der Aufnahme von Stoffen in die Zelle bezeichnet man als *Endocytose,* den der Abgabe von Stoffen aus der Zelle als *Exocytose.* Eine andere Form von Exocytose erfüllt die **pulsierende Vakuole:** Sie pumpt überschüssiges Wasser aus der Zelle.

Amöben kommen im Schlamm von Gewässern vor. Werden die Umweltbedingungen ungünstig, bilden sie kugelförmige, von einer festen Schale umgebene **Cysten.** Diese Dauerformen bleiben dann z.B. nach einer Überflutung an Wiesenpflanzen haften.

Auch andere Einzeller wie **Pantoffeltierchen** bilden Cysten. Aus ihnen schlüpfen in einem Heuaufguß z.B. wieder bewegliche Pantoffeltierchen aus. Die schnellen Schwimmbewegungen werden durch rhythmischen Schlag von **Wimpern** (Cilien) hervorgerufen. Sie bedecken die gesamte Zelloberfläche. Besonders dicht stehen sie im Bereich des *Mundfeldes,* wo sie Nahrungsteilchen herbeistrudeln. Die Wimpern entspringen einem verdichteten Ektoplasma, das mit der Zellmembran die **Pellicula** bildet. Sie verleiht dem Pantoffeltierchen eine feste Gestalt.

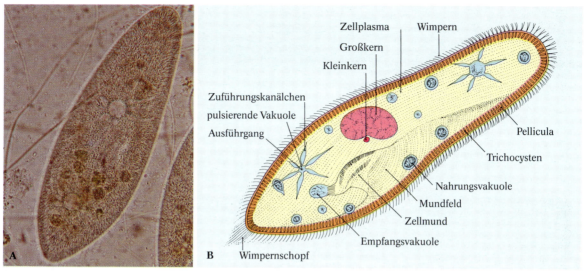

A B Wimpernschopf

Zellplasma Wimpern
Großkern
Kleinkern
Zuführungskanälchen
pulsierende Vakuole
Ausführgang
Pellicula
Trichocysten
Nahrungsvakuole
Mundfeld
Zellmund
Empfangsvakuole

17.1. Pantoffeltierchen (Paramecium). A LM-Bild; B Schema

Heuaufguß

Tierische und pflanzliche Kleinstlebewesen vermehren sich leicht in einem *Heuaufguß:* Zu einer
Handvoll Heu wird in einem Glasgefäß etwa 1 Liter
Tümpelwasser gegeben, so daß über der Wasseroberfläche ein etwa 5 cm hoher Luftraum bleibt.
Die Gefäßöffnung wird abgedeckt und das Gefäß
am Fenster aufgestellt.
Auf dem Heuaufguß bildet sich nach wenigen Tagen eine schleimige Schicht aus Bakterien und Pil-
zen, die *Kahmhaut.* Das Heu ist eine Nahrungs-
grundlage für Bakterien, die ihrerseits Kleinstlebewesen wie Wimpertierchen als Futterorganismen
dienen. Die Wimpertierchen vermehren sich und
sind ihrerseits Beute für andere Lebewesen wie z.B.
Amöben. Aufgrund derartiger Nahrungsbeziehun-
gen kommt es in dem Heuaufguß im Laufe der Zeit
zu einer unterschiedlichen Häufigkeit von Kleinstlebewesen. Es können sich in einem Heuaufguß jedoch nur die Arten vermehren, die in dem verwendeten Tümpelwasser als aktive Lebewesen oder als
Cysten und Eier vorhanden waren.

1. Setzen Sie einen Heuaufguß an. Stellen Sie an ver-
schieden alten Heuaufgüssen lichtmikroskopisch fest,
ob und wann die in diesem Buch abgebildeten Einzel-
ler auftreten.

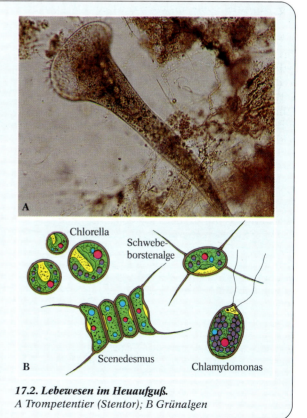

Chlorella
Schwebe-
borstenalge
Scenedesmus
Chlamydomonas

17.2. Lebewesen im Heuaufguß.
A Trompetentier (Stentor); B Grünalgen

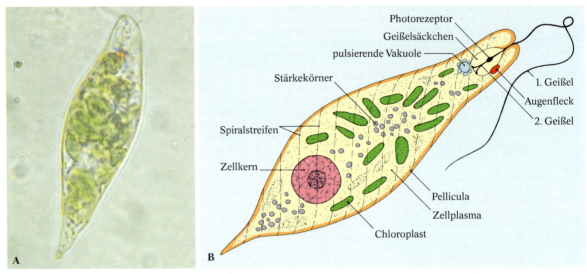

18.1. Augentierchen Euglena. *A LM-Bild; B Schema*

Das **Augentierchen** Euglena ist wie das Wimpertierchen Paramecium von einer *Pellicula* begrenzt. Sie enthält schraubig angeordnete ineinander verfalzte Streifen aus Proteinen, die an den Polen des spindelförmigen Einzellers zusammenlaufen. Hierdurch kann Euglena seine Gestalt verändern. Im Unterschied zum Pantoffeltierchen bewegt sich das Augentierchen mit **Geißeln** fort. Am abgeschrägten vorderen Zellpol entspringen in einer flaschenförmigen Vertiefung, dem *Geißelsäckchen*, zwei Geißeln. Die eine Geißel ist eine lange Zuggeißel, die den um die Längsachse rotierenden Einzeller durch das Wasser zieht. Die zweite Geißel ist innerhalb des Geißelsäckchens mit der Zuggeißel verschmolzen. Die Verschmelzungsstelle ist knotenartig verdickt und bildet den lichtempfindlichen **Photorezeptor,** der zusammen mit dem Augenfleck der Lichtorientierung dient. Der **Augenfleck** liegt seitlich des Geißelsäckchens im Cytoplasma. Er setzt sich aus Lipoidtropfen zusammen, die durch Carotinoide rot gefärbt sind. Bei seitlichem Lichteinfall beschattet der Augenfleck den Photorezeptor infolge der Zelldrehung um die Längsachse kurzfristig. Daraufhin ändert Euglena jedesmal die Schwimmrichtung und bewegt sich so auf die Lichtquelle zu. Früher nahm man fälschlicherweise an, daß Euglena mit dem Augenfleck wie mit einem Auge „sehen" könne. Daher rührt auch die Bezeichnung „Augentierchen".

Als weiteres charakteristisches Merkmal enthält Euglena zahlreiche **Chloroplasten.** Es ernährt sich also wie ein pflanzlicher Einzeller. Allerdings ist Euglena

nicht voll autotroph: Bestimmte Vitamine z.B. müssen über die Pellicula aufgenommen werden. Ebenso kann das Augentierchen auch Nährstoffe über die Zelloberfläche aufnehmen. Als Reservestoffe speichert Euglena Fette, Öle und stärkeähnliches *Paramylum.*

Augentierchen kommen in nährstoffreichen Gewässern wie Teichen und Jauchepfützen vor. Hier können sie sich so stark vermehren, daß das Wasser grün erscheint. Die Vermehrung geschieht ungeschlechtlich durch Längsteilung, nachdem sich zuvor Augenfleck, Geißelapparat und Zellkern verdoppelt haben. Unter ungünstigen Umweltbedingungen gehen die Euglenen in eine Dauerform über, die man als *Palmella-Stadium* bezeichnet: Die Zellen werfen die Geißeln ab, kugeln sich ab und scheiden Gallerte aus.

Das Augentierchen zeigt tierische und pflanzliche Merkmale. Ein rein pflanzlicher Einzeller dagegen ist die in nährstoffreichen Gewässern vorkommende Grünalge **Closterium.** Der sichelförmige Einzeller ist von einer Zellwand umgeben. Im Cytoplasma fallen zwei große Chloroplasten auf, wodurch die Zelle symmetrisch geteilt erscheint. In der Mitte liegt der Zellkern. Jeder Chloroplast enthält zahlreiche Bildungsorte von Reservestoffen, die sogenannten *Pyrenoide.*

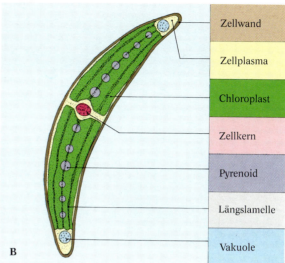

	Zellwand
	Zellplasma
	Chloroplast
	Zellkern
	Pyrenoid
	Längslamelle
	Vakuole

19.1. Einzellige Grünalge Closterium. *A LM-Bild; B Schema*

2. Stellen Sie eine Kultur von Augentieren her: Füllen Sie einen Standzylinder (200 ml) mit einer etwa 2 cm hohen Schicht Gartenerde, der etwas Rinderdung zugesetzt ist. Gießen sie vorsichtig euglenenhaltiges Wasser (Tümpel, Jauchefütze) auf. Verschließen Sie das Kulturgefäß mit Watte und stellen Sie es hell auf. Fertigen Sie nach 1 Woche ein Präparat von der Kulturlösung an. Mikroskopieren Sie. Beobachten und beschreiben Sie die Fortbewegung von Euglena.
Geben Sie eine Probe der Kulturlösung in ein Blockschälchen. Stülpen Sie lichtdicht eine Hülle aus Alufolie über. Drücken Sie in die Hülle von oben ein Loch von ca. 5 mm Durchmesser (Bleistiftspitze). Beleuchten Sie mit einer Tischlampe 10–15 Minuten lang. Entfernen Sie dann die Hülle. Erläutern Sie die Beobachtung.

3. Pantoffeltierchen erhält man aus Heuaufgüssen (siehe S. 17), aus nährstoffreichen Gewässern oder aus Reinkulturen, die man von biologischen Instituten beziehen kann. Fertigen Sie ein Präparat von Paramecien an. Mikroskopieren Sie. Beobachten und beschreiben Sie die Fortbewegung der Einzeller.
Beschreiben Sie den Aufbau eines Pantoffeltierchens unter Zuhilfenahme der Abbildung 17.1.

4. Pantoffeltierchen können auf mechanische, chemische und elektromagnetische Reize reagieren. Auf sehr starke Reizung stößt Paramecium Trichocysten aus. Trichocysten sind stabförmige Gebilde, die in der Pellicula liegend über die gesamte Zelloberfläche verteilt sind.
Fertigen Sie ein Präparat von Paramecien (z.B. Reinkultur; siehe 2.) an. Bringen Sie an den Rand des Deckglases einen

Kochsalzkristall. Mikroskopieren Sie und beobachten Sie die Reaktion der Tiere auf den sich lösenden Kristall.

5. Die Endocytose von festen Nahrungsteilchen bezeichnet man auch als Phagocytose. Stellen Sie die Phagocytose und die Exocytose bei einer Amöbe als Schemazeichnung dar.

6. Die Phagocytose bei Paramecium kann vereinfacht in folgende Phasen gegliedert werden:
a) Nahrungsteilchen gelangen am Grunde des Zellmundes in eine Empfangsvakuole;
b) Empfangsvakuole schnürt sich als Nahrungsvakuole ab;
c) Verdauungsenzyme lagern sich an Membran an;
d) Enzyme diffundieren in Nahrungsvakuole;
e) Nährstoffe werden ins Cytoplasma abgegeben;
f) Kotvakuole enthält unverwertbare Stoffe;
g) Exocytose des unverdauten Restes über den Zellafter.
Fertigen Sie eine Umrißskizze eines Pantoffeltierchens an (siehe Abbildung 17.1.B). Zeichnen Sie die Schritte a)–g) schematisch in den Umriß.

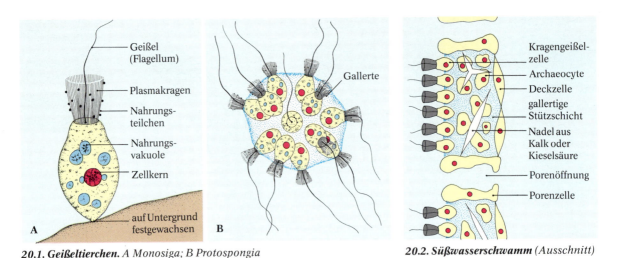

20.1. Geißeltierchen. *A* Monosiga; *B* Protospongia

20.2. Süßwasserschwamm *(Ausschnitt)*

1. Der einzellige Kragen-Flagellat Monosiga ist gegenüber dem Süßwasserpolypen Hydra potentiell unsterblich. Begründen Sie diese Aussage.

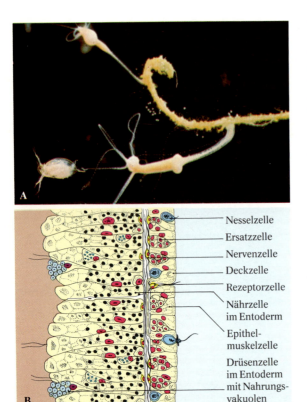

20.3. Süßwasserpolyp Hydra. *A* Foto; *B* Körperwand (Ausschnitt)

2.5. Vom Einzeller zum Vielzeller

Bei der mikroskopischen Untersuchung einer Planktonprobe eines stehenden Gewässers kann man unregelmäßig geformte Gallertgebilde finden, die sich frei schwimmend fortbewegen. In der Gallerte sind bis zu 60 Zellen eingebettet. Jede Zelle besitzt eine lange Geißel, die über die Gallerte hinausragt. Einen solchen Zellverband bezeichnet man als **Zellkolonie.** Handelt es sich bei der hier vorliegenden Zellkolonie *Protospongia* bereits um einen Vielzeller?

Bei genauerer Betrachtung ist jede Einzelzelle der Gallertkolonie wie das einzellige Kragen-Geißeltierchen (Kragen-Flagellat) *Monosiga* aufgebaut: Um den unteren Teil der Geißel ist manschettenartig ein zylinderförmiger Plasmakragen ausgebildet. Der Kragen ist eine stäbchenförmige Ausbildung der Zellmembran und wirkt wie ein Reusenapparat: Durch die Geißelbewegung wird bei der festsitzenden Monosiga Wasser durch die etwa 30 bis 40 „Plasmastäbe" gesogen. Dabei bleiben Nahrungsteilchen an der Außenseite der schleimüberzogenen „Plasmastäbe" haften, wandern mit dem Schleim zum Kragengrund und werden hier endocytotisch in die Zelle aufgenommen. Die Kragenreusen ragen bei Protospongia wie „Fangsiebe" aus der Gallerte hinaus. Jede Einzelzelle ist gleichartig in Bau und Funktion, sie zeigt Selbständigkeit im Stoffwechsel und in der Zellteilung: Sie ist *potentiell unsterblich.* So entsteht aus jeder Einzelzelle der Kolonie eine Tochterkolonie.

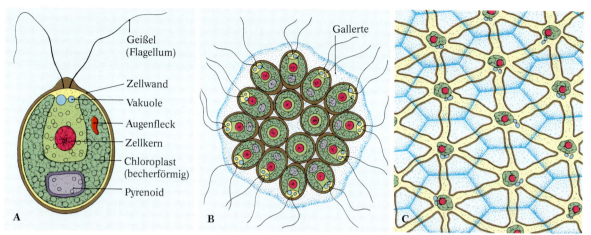

21.1. Grünalgen. *A Chlamydomonas; B Mosaik-Grünalge Gonium; C Volvox (Körperwandausschnitt)*

2. Auch bei Pflanzen läßt sich eine Entwicklung zur Vielzelligkeit über Übergangsformen aus Einzellern vermuten. Beschreiben Sie dies an den abgebildeten Grünalgen.

Beim *Süßwasserschwamm* können nicht mehr aus jeder Zelle neue Schwämme gebildet werden. Hier findet man verschiedene Zelltypen für verschiedene Aufgaben: Aus Urzellen, den Archaeocyten, können sich Deckzellen, Kragengeißelzellen, Fortpflanzungszellen oder Bildungszellen von Kalknadeln und Hornsubstanzen entwickeln. Der lockere Zellenverband des flaschenförmigen Schwammkörpers bildet mehrere Zellschichten. Im Schwammkörper kommt es also durch verschiedenartige Ausbildung, durch **Differenzierung** von Zellen, zu einer **Arbeitsteilung** und damit zu einer größeren Leistungsfähigkeit des Organismus. Noch weitergehend differenziert sind die Zellen bei den *Hohltieren*, zu denen der Süßwasserpolyp *Hydra* gehört.

Arbeitsteilung und Differenzierung von Zellen sind also Kennzeichen höher organisierter Vielzeller. Protospongia ist demnach eine Einzellerkolonie im Gegensatz zu dem Vielzeller Hydra. Man nimmt heute an, daß sich im Verlaufe der Stammesgeschichte die vielzelligen Tiere über Übergangsformen aus Einzellern entwickelten. Der hier betrachtete Übergang vom Einzeller Monosiga zum Vielzeller Hydra kann nur als ein Modell für diesen Vorgang angesehen werden.

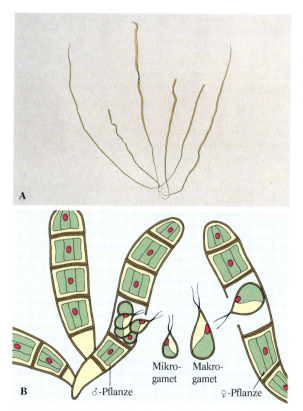

21.2. Darmtang Enteromorpha *(Grünalge). A Foto; B Schema*

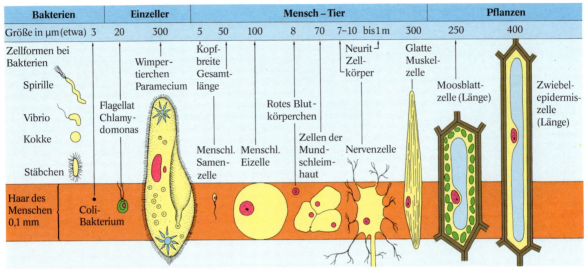

Bakterien		Einzeller		Mensch – Tier						Pflanzen	
Größe in µm (etwa) 3	20	300	5	50	100	8	70	7–10 bis 1 m	300	250	400

22.1. *Größe und Gestalt von Zellen*

2.6. Zellen unterscheiden sich in Größe und Gestalt

An Mittelmeerstränden kann man zwischen Meeresalgen die 5–9 cm hohe Schirmalge *Acetabularia* (siehe Abb. 67.2.) entdecken. Erstaunlich ist, daß es sich hierbei um einen Einzeller handelt. Acetabularia ist im Vergleich zum Flagellaten *Chlamydomonas* von etwa 20 µm Größe oder der Wasser-Grünalge *Chlorococcum* von 10–15 µm Durchmesser ein wahrer „Riese" unter den einzelligen Grünalgen. Welche Größen können Zellen erreichen?

Mißt man verschiedene **Einzeller,** stellt man beträchtliche Schwankungen in ihren Zellgrößen fest. So nimmt z.B. das ca. 90–150 µm große, grüne Pantoffeltier *Paramecium bursaria* mehrere hundert Zellen der grünen Kugelalge *Chlorella* in sein Cytoplasma auf. Diese einzellige Grünalge hat einen Durchmesser von etwa 7 µm. Sie wird von dem Pantoffeltier allerdings nicht verdaut, sondern lebt mit ihrem „Wirt" zu gegenseitigem Vorteil zusammen: Bei dieser *Symbiose* erhält der Wirt von den kleineren Symbionten organische Substanzen wie Glucose und Maltose, die Symbionten Kohlenstoffdioxid und anorganische Ionen. Auch die bis zu 5 mm große Amöbe *Pelomyxa palustris* enthält Symbionten: In ihren Vakuolen leben Bakterien, die nur ca. 3 µm lang und 0,6 µm breit sind.

Bakterien sind einzellig. Eine Bakterienzelle (siehe Abb. 28.2.) ist von einer Zellwand begrenzt und besitzt keinen Zellkern mit Kernhülle, sondern ein kernähn-

liches Gebilde. Solche Lebewesen bezeichnet man als *Prokaryonten.* Zu ihnen gehören auch die kleinsten Zellen, die bisher gefunden wurden, die **Mycoplasmen.** Die wandlosen Zellen haben einen Durchmesser von etwa 0,3 µm.

Im Gegensatz zu den Prokaryonten besitzen die Einzeller und die Vielzeller einen abgegrenzten Zellkern: Sie sind *Eukaryonten.* Der normale Größenbereich von Zellen **vielzelliger Tiere** liegt bei 8–20 µm, von Zellen **vielzelliger Pflanzen** dagegen bei 0,1–0,3 mm. Der Grund hierfür liegt offenbar in den im Vergleich zur Zellplasmamenge oft riesigen Vakuolen pflanzlicher Zellen. Allerdings gibt es Zellen, die über die normalen Grenzwerte hinausgehen. So kann eine Nervenzelle mit einem Zellkörper von etwa 100 µm Durchmesser einen über 1 m langen Fortsatz haben. Ebenso gibt es pflanzliche Faserzellen von über 0,5 m Länge sowie bei Wolfsmilchgewächsen mehrere Meter lange Milchröhrenzellen.

Zellen können nicht beliebig groß werden: Dies liegt vermutlich an einem bestimmten Verhältnis zwischen der Größe des Zellkerns und der Menge des von ihm zu kontrollierenden Zellplasmas. Auch kann eine Zelle nicht beliebig klein sein, da sie zur Autonomie Zellbestandteile braucht. Offenbar sind Mycoplasmen solche Minimalzellen.

Dimension	10^{-3} m	10^{-4} m	10^{-5} m	10^{-6} m	10^{-7} m	10^{-8} m	10^{-9} m	10^{-10} m
	$=10^{-1}$ cm	$=10^{-2}$ cm	$=10^{-3}$ cm	$=10^{-4}$ cm	$=10^{-5}$ cm	$=10^{-6}$ cm	$=10^{-7}$ cm	$=10^{-8}$ cm
	$= 1$ mm	$=10^{-1}$ mm	$=10^{-2}$ mm	$=10^{-3}$ mm	$=10^{-4}$ mm	$=10^{-5}$ mm	$=10^{-6}$ mm	$=10^{-7}$ mm
	$=10^{3}$ µm	$=10^{2}$ µm	$=10^{1}$ µm	$= 1$ µm	$=10^{-1}$ µm	$=10^{-2}$ µm	$=10^{-3}$ µm	$=10^{-4}$ µm
	$=10^{6}$ nm	$=10^{5}$ nm	$=10^{4}$ nm	$=10^{3}$ nm	$=10^{2}$ nm	$=10^{1}$ nm	$= 1$ nm	$=10^{-1}$ nm

Auflösungsvermögen

Auge →
Lichtmikroskop →
Elektronenmikroskop →

Beispiele	Amöbe	Eizelle (Mensch)	Blutkörperchen (rot)	Coli-Bakterium	Grippe-Virus (Dicke)	Zellmembran	Rohrzuckermolekül	Wasserstoffatom
	~1 mm	~0,1 mm	~0,01 mm	1 µm	0,1 µm	0,01 µm	~1 nm	~0,1 nm

m=Meter   cm=Zentimeter   mm=Millimeter   µm=Mikrometer   nm=Nanometer

23.1. Größenbereiche in der Mikroskopie

1. *Die Zellformen sind ebenso vielfältig wie die Zellgrößen. Während embryonale Zellen annähernd eine Kugelform besitzen, zeigen spezialisierte Zellen davon abweichende Formen. Beschreiben Sie einige solcher Zellformen anhand der Abbildungen in diesem Buch.*

Wir messen Zellen im Mikroskop

Um z.B. die Länge einer Zelle zu bestimmen, benötigt man für das Mikroskop zusätzliche Geräte. Eines davon ist ein rundes Plättchen mit einer eingravierten Einteilung von 10 mm in 100 Teilstriche, das **Okularmikrometer.** Man schraubt die Augenlinse des Okulars ab und legt das Okularmikrometer mit der Stricheinteilung nach unten auf die Sehfeldblende. Zählt man nun die Teilstriche, die auf eine Zellenlänge kommen, erhält man bei verschiedenen Objektivvergrößerungen verschiedene Werte. Um aber die reale Länge zu messen, muß das Okularmikrometer für jede Okular-Objektiv-Kombination geeicht werden. Dazu verwendet man anstelle des Präparates ein **Objektmikrometer,** das ist ein Objektträger mit einer eingravierten Einteilung von 1 mm in 100 Teile. Der Abstand zwischen zwei Teilstrichen beträgt also 10^{-2} mm (= 10 µm). Beide Teilungen werden parallel nebeneinander gebracht. Dann wird ermittelt, wie viele Okularmikrometereinheiten sich mit wie vielen Objektmikrometereinheiten decken. Daraus berechnet man den Wert für eine Okularmikrometereinheit, den *Mikrometerwert.* Durch Multiplikation des Mikrometerwertes mit der Anzahl der Teilstriche des Okularmikrometers erhält man die reale Länge der Zelle.

2. *Bestimmen Sie die Länge und die Breite einer Zwiebelhautzelle.*

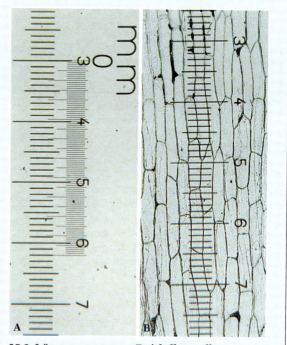

23.2. Längenmessung von Zwiebelhautzellen.
A Eichung des Okularmikrometers (80×); B Messung der Länge (Okularmikrometer)

Das elektronenmikroskopische Bild der Zelle

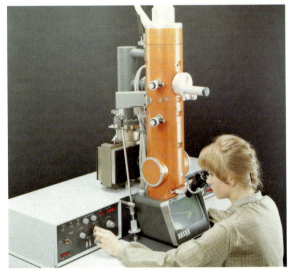

24.1. Durchstrahlungs-Elektronenmikroskop

1. Das Elektronenmikroskop arbeitet mit Elektronenstrahlen

Bakterien, Blaualgen und auch Mycoplasmen sind lichtmikroskopisch gerade noch erkennbar. Dies gilt auch für Zellbestandteile wie die Mitochondrien in höher organisierten Zellen. Um allerdings ihren Feinbau zu untersuchen, verwendet man ein Elektronenmikroskop. Wieso sieht man mit dem Elektronenmikroskop mehr Einzelheiten als mit dem Lichtmikroskop?

Die Leistungsfähigkeit des Lichtmikroskops wird durch sein Auflösungsvermögen begrenzt: Zwei nebeneinanderliegende Punkte können noch getrennt wahrgenommen werden, wenn ihr Abstand mindestens der halben Wellenlänge des verwendeten Lichtes entspricht.

1924 erkannte man, daß schnell bewegten Elementarteilchen wie Elektronen eine Wellenlänge zugeordnet werden kann. Elektronen verhalten sich ähnlich wie Lichtstrahlen extrem kurzer Wellenlänge. Dabei gilt: Je höher die Geschwindigkeit der Elektronen ist, desto kleiner ist die entsprechende Wellenlänge des Elektronenstrahls. So lassen sich z.B. Wellenlängen von etwa 0,004 nm erreichen. Wegen dieser Eigenschaften der Elektronenstrahlen konnte schließlich das **Elektronenmikroskop** ähnlich wie ein Lichtmikroskop konstruiert werden.

Als Elektronenquelle verwendet man einen Wolframdraht, der elektrisch zum Glühen gebracht wird. Dabei entweichen Elektronen, die durch ein elektrisches Hochspannungsfeld von über 100 000 Volt auf Ge-

schwindigkeiten bis zu 720 Millionen km/h beschleunigt werden. Dies geschieht in einem luftleeren Raum, einem *Vakuum*, damit die Elektronen durch Luftteilchen nicht abgebremst werden. Aus diesem Grunde können auch keine Glaslinsen verwendet werden, da Glas Elektronenstrahlen absorbiert. Man nimmt spezielle Elektromagnete, durch die Elektronenstrahlen ähnlich abgelenkt werden wie Lichtstrahlen durch Glaslinsen. Diese **elektromagnetischen Linsen** haben also die gleichen Aufgaben wie die Glaslinsen des Lichtmikroskops. Man bezeichnet sie daher auch als **Kondensor, Objektiv** und **Projektionsokular.** Allerdings sind Abbildungsfehler von Elektronenlinsen schwierig zu korrigieren, so daß die zu erwartende *Auflösungsgrenze* von etwa 0,002 nm nicht erreicht wird. Bei biologischen Präparaten liegt sie gewöhnlich bei 1 nm bis 3 nm.

Die Erzeugung des Elektronenstrahls erfordert eine lange Röhre, den *Tubus.* Daher ist der Strahlengang aus praktischen Erwägungen heraus umgekehrt zu dem im Lichtmikroskop. Man kann so das Bild bequem am unteren Ende des Tubus über einen *Leuchtschirm* betrachten. Dieser Fluoreszenzschirm wandelt die für das menschliche Auge unsichtbaren Elektronenstrahlen in sichtbares Licht um.

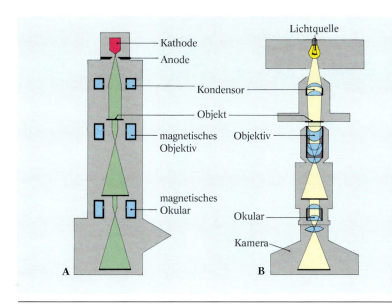

A   B

1. Beschreiben und vergleichen Sie die Strahlengänge von Elektronenmikroskop und Lichtmikroskop.

2. Stellen Sie in einer Tabelle die wichtigsten Unterschiede zwischen dem Bau und der Arbeitsweise eines Lichtmikroskops und eines Elektronenmikroskops zusammen.

Das Rasterelektronenmikroskop (REM)

Im Gegensatz zum Durchstrahlungsmikroskop, dem Transmissions-Elektronenmikroskop (TEM), werden die Objekte beim Rasterelektronenmikroskop (REM) nicht durchstrahlt. Ein eng gebündelter Elektronenstrahl hoher Geschwindigkeit, der *Primärelektronenstrahl*, trifft auf die Oberfläche des Präparates. Dabei werden aus jedem getroffenen Objektpunkt Elektronen herausgeschleudert. Die Anzahl dieser *Sekundärelektronen* ist abhängig vom Einfallswinkel des Primärelektronenstrahls sowie vom Material des Objektes. Die Sekundärelektronen sind energieärmer und leichter ablenkbar als die Primärelektronen. Sie können daher von einem *Detektor*, einer Anode, „abgesaugt" werden. Die so eingefangenen Sekundärelektronen steuern über eine elektronische Signalverarbeitung die Helligkeit eines entsprechenden Bildpunktes auf dem Leuchtschirm einer Kathodenstrahlröhre (entspricht etwa der Bildröhre eines Fernsehapparates). Um die gesamte Objektoberfläche abzubilden, wird der Primärelektronenstrahl punkt- und zeilenförmig über die Oberfläche geführt (= Rasterung). Aufgrund der Neigung des Präparates zum Detektor erscheint auf dem Bildschirm ein räumliches Bild von der Objektoberfläche.

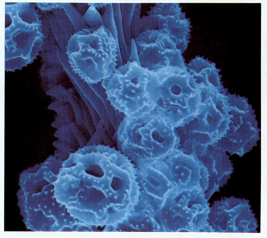

25.2. Pollenkorn (REM-Aufnahme). *Wasserarme Objekte wie Pollenkörner können unbehandelt mikroskopiert werden. Wasserhaltige Objekte dagegen müssen erst entwässert werden. Alle Objekte werden zur Kontrasterhöhung mit einer dünnen Goldschicht bedampft.*

3. Vergleichen Sie Bau und Arbeitsweise bei einem TEM und einem REM. Fertigen Sie eine Tabelle an.

**26.1. Präparat- und Messerbereich an einem
Ultramikrotom**

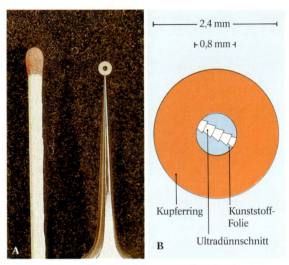

26.2. Präparat für die Elektronenmikroskopie. *A Foto;
B Schema*

2. Die Präparation für die Elektronenmikroskopie ist notwendig

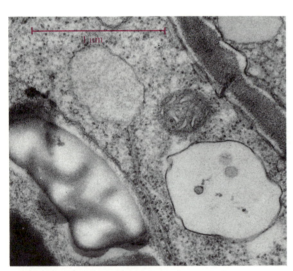

26.3. EM-Bild nach Ultradünnschnitt-Technik

*1. Begründen Sie, warum eine Lebendbeobachtung bei
der Elektronenmikroskopie nicht möglich ist.*

*2. Beschreiben Sie die Ultradünnschnitt-Technik. Begrün-
den Sie die einzelnen Präparationsschritte.*

*3. Elektronenstrahlen dringen nicht tief in die Materie ein.
Die Dicke dieser Buchseite beträgt etwa 0,1 mm. Sie müßte
in etwa 1000 Scheiben geschnitten werden, um von Elektronen durchstrahlt zu werden. Berechnen Sie die Dicke einer
Scheibe in Nanometern.*

„Zelltod durch Austrocknung und Erhitzung!" So
könnte die Beschreibung lauten bei dem Versuch,
lebende Zellen im Elektronenmikroskop zu beobachten. Als Ursachen sind das Vakuum im Inneren des
Elektronenmikroskops sowie die Eigenschaften von
Elektronenstrahlen zu nennen. Wie präpariert man
nun Objekte für elektronenmikroskopische Untersuchungen?

Die am häufigsten angewandte Präparationsmethode
ist die **Ultradünnschnitt-Technik.** Dabei werden die
Objekte ähnlich behandelt wie bei der Herstellung von
Dauerpräparaten für die Lichmikroskopie. Zellen oder
kleine Gewebestückchen werden nacheinander in Lösungen von Aldehyden und Osmiumtetroxid gegeben.
Durch diese **chemische Fixierung** werden die Zell-
strukturen in einem bestimmten Zustand erhalten. Anschließend erfolgt eine **Entwässerung** durch Ethanol-
oder Aceton-Lösungen steigender Konzentration. Um
die Objekte schneiden zu können, müssen sie erst „eingebettet" werden. Die Einbettung geschieht in flüssigen Kunstharzen, die in das Objekt eindringen und anschließend erhärten. Die fertigen Kunststoffblöcke
werden dann so angespitzt, daß das eingebettete Objekt an der Spitze einer kleinen Pyramide zu liegen
kommt. Der **Schneidevorgang** selbst wird mit einem
besonderen Mikrotom vorgenommen, dem *Ultramikrotom.* Mit diesem Präzisionsgerät lassen sich äu-
ßerst feine Dünnschnitte von 10 nm bis 100 nm Dicke
herstellen.

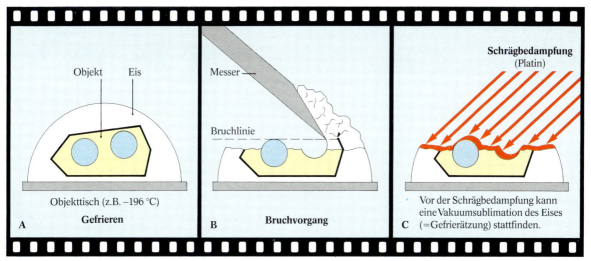

27.1. Gefrierbruchmethode. *Durch die Schrägbedampfung entstehen „Schatten", die weitgehend elektronendurchlässig bleiben. Das EM-Bild vermittelt einen räumlichen Eindruck des Abdrucks der Objektoberfläche.*

Erst solche Ultradünnschnitte lassen Elektronen hindurch. Die Objekte werden mit besonders geschliffenen Diamantmessern oder an Glasbruchkanten geschnitten. Hinter der Kante ist ein wassergefüllter Trog angebracht, der die Ultradünnschnitte auffängt. Von der Wasseroberfläche werden sie mit Objektträgern abgenommen. Als Objektträger verwendet man kleine Kupfernetze oder Kupferringe, die mit einer hauchdünnen Kunststoff-Folie überzogen sind.

Um durch die chemische Fixierung bedingte Zellveränderungen, die *Artefakte*, auszuschließen, muß man verschiedene Präparationsmethoden miteinander vergleichen. Führen sie zu gleichen Ergebnissen, ist eine Artefaktbildung unwahrscheinlich. In diesem Zusammenhang erlaubt vor allem die **Kryofixierung** eine Aussage zum ursprünglichen Lebenszustand der Zelle: Die lebenden Objekte werden extrem schnell auf sehr tiefe Temperaturen, z.B. −196 °C, abgekühlt. Bei der **Gefrierbruchmethode** wird das tiefgefrorene Objekt dann im Vakuum einer Aufdampfanlage mit einem tiefgekühlten Messer „aufgebrochen": Man erhält eine reliefähnliche Bruchfläche. Hieran kann sich die **Gefrierätzung** anschließen: Von der Bruchfläche läßt man Eis sublimieren (man „ätzt"), so daß wasserärmere Strukturen als Relief stehenbleiben. Anschließend erfolgt eine Schrägbedampfung mit Platin und Kohle. Der so entstandene Reliefabdruck wird vom Objekt gelöst und kann elektronenmikroskopisch untersucht werden.

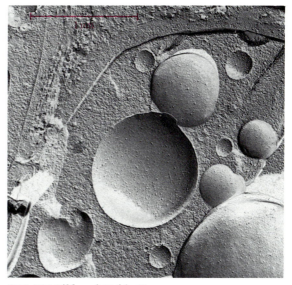

27.2. EM-Bild nach Gefrierätzung

4. Kleben Sie auf eine Transparentfolie die Hälften einer Petrischale mit Tesaband so fest, daß die eine Öffnung nach oben und die andere nach unten zeigt. Legen Sie dann die Folie auf einen mit Zeitungspapier abgedeckten Tisch. Sprühen Sie aus etwa 50 cm Entfernung Farbe aus einer Sprühflasche unter einem Winkel von etwa 30° auf die Folie. Projizieren Sie die besprühte Folie mit dem Arbeitsprojektor. Vergleichen Sie das Projektionsbild mit der Abbildung 27.2.

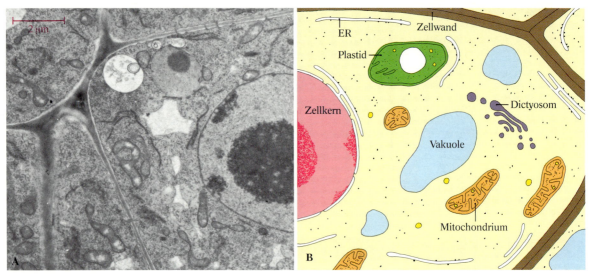

28.1. Reaktionsräume in einer pflanzlichen Zelle. A EM-Bild; B Schema

3. Die Zelle enthält Reaktionsräume

Protocyt – Eucyt

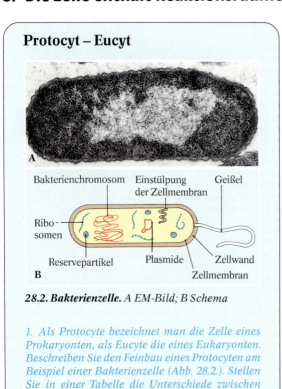

28.2. Bakterienzelle. A EM-Bild; B Schema

1. Als Protocyte bezeichnet man die Zelle eines Prokaryonten, als Eucyte die eines Eukaryonten. Beschreiben Sie den Feinbau eines Protocyten am Beispiel einer Bakterienzelle (Abb. 28.2.). Stellen Sie in einer Tabelle die Unterschiede zwischen dem Bau eines Protocyten und eines Eucyten zusammen. Nehmen Sie hierzu auch den Text auf Seite 22 zu Hilfe.

Atmung, Stoffwechsel und Wachstum sind nur einige Vorgänge, die in jeder lebenden Zelle ablaufen. Lichtmikroskopische Untersuchungen haben ergeben, daß einige solcher Reaktionsabläufe den sichtbaren Zellbestandteilen zugeordnet werden können. Nun zeigt das lichtmikroskopische Bild einer pflanzlichen Zelle z.B. außer Zellkern, Vakuolen, Plastiden und schwer zu erkennenden Mitochondrien vor allem das lichtoptisch leere Cytoplasma. Viele Reaktionen müssen demnach hier ablaufen. Enthält das Cytoplasma weitere, lichtoptisch nicht erkennbare Zellbestandteile?

Nach der Ultradünnschnitt-Methode zeigt das elektronenmikroskopische Bild einer pflanzlichen Zelle eine Vielfalt von Punkten und dunklen Linien. Die Punkte stellen *Ribosomen* dar, die dunklen Linien sind **Membranen.** Eine Membran ist ein in sich geschlossenes Gebilde, das einen Raum vollständig umschließt. Solche membranbegrenzten Räume innerhalb einer Zelle heißen **Kompartimente** oder auch *Zellorganellen.* So können innerhalb einer Zelle zum Beispiel gegenläufige Stoffwechselvorgänge wie Kohlenhydratabbau neben Kohlenhydrataufbau gleichzeitig ablaufen. Außer den lichtoptisch bereits bekannten Zellkompartimenten wie *Zellkern, Plastiden* und *Vakuolen* sind nun im elektronenmikroskopischen Bild des Cytoplasmas weitere membranbegrenzte Zellbestandteile deutlich zu erkennen wie *Mitochondrien, Dictyosomen, Lysosomen* und das *Endoplasmatische Retikulum (ER).*

Zellbestandteile lassen sich isolieren

Um Zellbestandteile für bestimmte Untersuchungen aus Zellen zu isolieren, müssen diese „aufgebrochen" werden. Diesen Vorgang bezeichnet man als **Homogenisierung.** Zellwände von Pflanzenzellen und Bakterien werden oft vorher enzymatisch abgebaut. Die Homogenisierung selbst erfolgt dann auf osmotischem Wege, durch Ultraschallbehandlung oder mechanisch mit einem Homogenisator. Ein *Homogenisator* ist ein Glasgefäß mit eng angepaßtem Kolben. Durch drehende Auf- und Abbewegung des Kolbens werden die Zellen zum Platzen gebracht. Die entstehende Suspension von Zellbestandteilen nennt man **Homogenat.**

Die Trennung der Zellbestandteile des Homogenats erfolgt dann häufig mit der **Differentialzentrifugation** in einer *Ultrazentrifuge.* Ultrazentrifugen können im Gegensatz zu herkömmlichen Zentrifugen sehr hohe Umdrehungsgeschwindigkeiten erreichen. Die dabei auftretenden Zentrifugalbeschleunigungen werden als Vielfaches der Erdbeschleunigung g ($g = 9{,}81$ m $\cdot$ s^{-2}) gemessen. So lassen sich Beschleunigungen bis zu 500 000 g erreichen, was einer Umdrehungszahl von etwa 70 000 min^{-1} entspricht. Große und schwere Zellorganellen setzen sich bei niedriger, kleine und leichte Kompartimente bei hoher Drehzahl auf dem Boden des Zentrifugenröhrchens ab. Diesen Bodensatz nennt man *Sediment*, die überstehende Flüssigkeit *Überstand*. Jedes Sediment einer bestimmten Umdrehungszahl bildet eine *Zellfraktion.*

Mit Hilfe der **Dichtegradientenzentrifugation** kann man Zellbestandteile von gleicher Größe, aber mit geringem Dichteunterschied voneinander trennen. Dabei bringt man eine Probe des Zellhomogenats oder auch einer Zellfraktion auf einen Dichtegradienten. Ein *Dichtegradient* ist z.B. eine Lösung von Saccharose mit ansteigender Konzentration: In einem Zentrifugenröhrchen befindet sich die Lösung geringster Dichte oben, die dichteste und damit konzentrierteste Lösung unten. Während der Zentrifugation wandern nun die Zellpartikel bis zu der Stelle, der ihrer Eigendichte entspricht. Die so entstandenen „Dichtebanden" können dann mit einer Pipette abgesaugt und zu Untersuchungen verwendet werden.

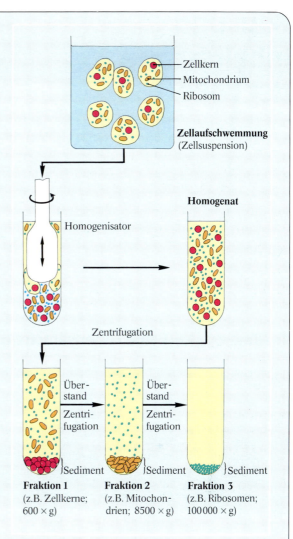

29.1. Differentialzentrifugation

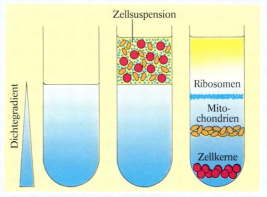

29.2. Dichtegradientenzentrifugation

Bau- und Inhaltsstoffe der Zelle

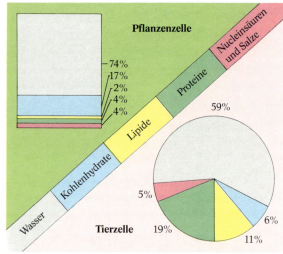

30.1. Bau- und Inhaltsstoffe der Zelle *(durchschnittlicher Gehalt).*

1. Ohne Wasser keine Lebenserscheinungen

Ein Bohnensamen enthält etwa 10% Wasser. In dieser Überdauerungsform sind Stoffwechselvorgänge auf ein Mindestmaß herabgesetzt. Erst in feuchter Umgebung quillt der Samen, nimmt also Wasser auf, und beginnt zu keimen. Die Zellen der ausgewachsenen Bohnenpflanze enthalten 70%–80% Wasser. Auch in tierischen Zellen ist der Anteil an Wasser durchschnittlich höher als der der anderen Stoffe. Welche Bedeutung hat Wasser für Pflanze, Tier und Mensch?

Wasser ist ein ganz besonderer Stoff: Beim Abkühlen nimmt seine Dichte zu. Bei 4 °C hat sie den größten Wert von 1 g/cm erreicht. Wird das Wasser weiter abgekühlt, dehnt es sich im Gegensatz zu anderen Flüssigkeiten wieder aus. Man spricht von der **Dichteanomalie** des Wassers. Sie ist für das Überleben wasserbewohnender Lebewesen von großer Bedeutung: Im Winter wird z.B. ein totales Zufrieren des Gewässers verhindert, da Wasser von 4 °C am schwersten ist. Diese Eigenschaft ist auf die Struktur des Wassermoleküls zurückzuführen.

Die Wasserstoffatome im H_2O-Molekül sind in einem Winkel von etwa 105° angeordnet. Aufgrund der größeren Elektronegativität des Sauerstoffatoms gegenüber jedem Wasserstoffatom werden die Bindungselektronen stärker vom Sauerstoffatom angezogen. Es kommt zu einer Ladungsverschiebung innerhalb des Moleküls: Das Sauerstoffatom bildet den negativen Pol (δ^-; Teilladung), die Wasserstoffatome den positiven Pol (δ^+). Diese Bindung nennt man polare Elektronenpaarbindung, ein solches Molekül einen **Dipol.**

Die positiv teilgeladenen Wasserstoffatome eines Wassermoleküls treten nun mit den nichtbindenden Elektronenpaaren des Sauerstoffatoms eines anderen Wassermoleküls in Wechselwirkung: Sie ziehen sich gegenseitig an, und es bildet sich eine Wasserstoffbrücke. Die Bindungsstärke einer solchen **Wasserstoffbrückenbindung** beträgt etwa 1/20 der einer Elektronenpaarbindung. Aufgrund der Verknüpfung von Wassermolekülen über Wasserstoffbrücken bildet Eis ein Gitter. Beim Schmelzen werden etwa 15% der Wasserstoffbrückenbindungen und somit der geordnete Zustand des Gitters zerstört: Die Dichte nimmt zu.

Aufgrund ihres Dipolcharakters treten Wassermoleküle auch mit Ionen und polaren Gruppen anderer Moleküle in Wechselwirkung. So werden z.B. beim Lösen von Salzen in Wasser die Anziehungskräfte der Ionen des Ionengitters überwunden, indem sich Wasserdipole an die Ionen lagern und sie schließlich umhüllen. Durch diese **Hydrathülle** sind die Ionen frei beweglich. In der Zelle dient das Wasser als *Lösungsmittel* für Stoffumsetzungen und als *Transportmittel* für gelöste Stoffe. Wasserstoffbrückenbindungen ermöglichen die Löslichkeit vieler Verbindungen und Zellvorgänge wie Quellung, Wasseraufnahme und Plasmabewegung. Moleküle mit polaren Gruppen wie $-OH$, $-COO^\ominus$ und $-NH_3^\oplus$ ziehen Wassermoleküle an: Sie sind **hydrophil** („wasserfreundlich"). Überwiegen in einem Molekül dagegen apolare Gruppen wie die Methylgruppe ($-CH_3$), so ist der Stoff nicht mit Wasser mischbar: Er ist **hydrophob** („wasserfeindlich").

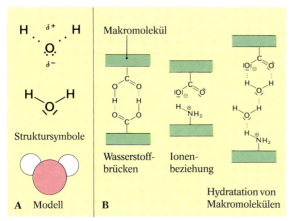

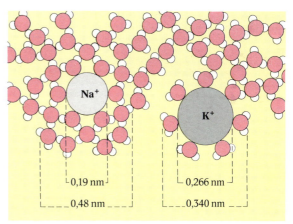

31.1. Wassermoleküle. *A Bau des Dipols; B Wasserstoff-brücken und Ionenbeziehung. Makromoleküle können über verschiedene „Haftpunkte" miteinander verbunden sein. Die Hydrathülle ermöglicht freie Beweglichkeit (z. B. Quellung).*

31.2. Hydrathülle bei Ionen. *Die Oberfläche des $Na^\oplus$-Ions hat eine höhere Ladungsdichte und daher eine größere Hydrathülle als das $K^\oplus$-Ion. Die Hydrathülle spielt z. B. beim Transport durch Membranen eine Rolle.*

Chemische Begriffe – kurz erklärt

Base. Verbindung, die Protonen ($H^\oplus$-Ionen) aufnehmen kann.

Chemische Bindung. Bei der *Atom-* oder *Elektronenpaarbindung* werden die Atome eines Moleküls durch gemeinsame Außenelektronen zusammengehalten, z.B. $:\ddot{C}l\cdot + \cdot\ddot{C}l: \rightarrow |\overline{Cl} \underset{}{\swarrow} \overline{Cl}| \leftarrow$ ($\swarrow$ bindendes, $\leftarrow$ freies Elektronenpaar). Eine Bindung durch zwei gemeinsame Elektronenpaare heißt Doppelbindung, z.B. Kohlenstoffdioxid $\widehat{O} = C = \overline{O}|$.

Bei der *Ionenbindung* werden unterschiedlich geladene Ionen durch elektrische Anziehungskräfte zusammengehalten, z.B. $Na^\oplus$ und $Cl^\ominus$ im Natriumchlorid (Kochsalz).

Elektronegativität. Fähigkeit eines Atoms, bindende Elektronen anzuziehen; Fluor hat als elektronegativstes Element den EN-Wert 4, Sauerstoff 3,5, Stickstoff 3,0, Kohlenstoff 2,5, Wasserstoff 2,1.

Ester. Verbindung eines Alkohols und einer Säure.

Funktionelle Gruppe. Atomgruppe in einem Molekül, die die Reaktionen dieses Moleküls weitgehend bestimmt. Beispiele: *Hydroxylgruppe* ($-\overset{\delta^-\,\delta^+}{OH}$) in Alkoholen (Alkanolen), polare Gruppe; *Carbonylgruppe* ($>C = \overset{\delta^-}{\overline{O}}$) in Aldehyden (Alkanalen) und Ketonen (Alkanonen), stark polare

Gruppe; *Carboxlgruppe* ($-C\overset{\overset{O}{\diagup}}{\underset{\overline{O}-H}{\diagdown}}$) in Carbonsäuren, leichte Abspaltung eines $H^\oplus$-Ions durch stark polare C=O-Bindung; *Aminogruppe* ($-\overline{N}\overset{H}{\underset{H}{\diagdown}}$) in Aminosäuren, reagiert als Base: durch freies Elektronenpaar am N-Atom Anlagerung von Proton möglich.

Hydratation. Vorgang der Umlagerung von Ionen bzw. Molekülen mit Wassermolekülen.

Hydrolyse. Zerlegung eines Moleküls in seine Bausteine unter Wasseraufnahme durch Enzyme oder mit Säuren.

Ion. Geladenes Teilchen, das im elektrischen Feld wandern kann. Negativ geladene Ionen enthalten überzählige Elektronen, z.B. $Cl^\ominus$, $SO_4^{2\ominus}$; positiv geladene Ionen haben ein Elektronendefizit, z.B. $Na^\oplus$, $Mg^{2\oplus}$.

Kondensation. Bildung eines Moleküls aus seinen Bausteinen unter Wasserabspaltung.

Oxidation. Abgabe von Elektronen.

Reduktion. Aufnahme von Elektronen.

Redox-Reaktion. Reaktionen, bei denen Elektronenübergänge stattfinden.

Salz. Verbindung aus Metall- und Nichtmetallionen; Ionengitter; z.B. Natriumchlorid, Magnesiumoxid.

Säure. Verbindung, die Protonen ($H^\oplus$-Ionen) abgeben kann.

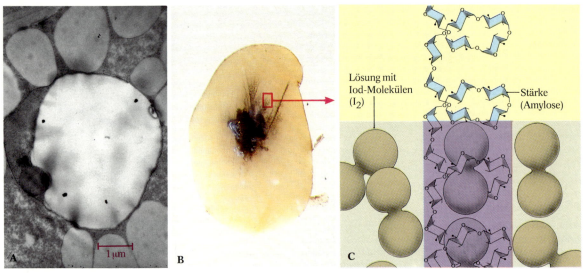

32.1. Stärke. *A Amyloplast (EM-Bild); B Nachweis von Amylose; C Schema des Nachweises*

2. Pflanzliche Zellen enthalten viele Kohlenhydrate

Gibt man einen Tropfen Iodlösung auf die Schnittfläche einer rohen Kartoffel, färbt sie sich an dieser Stelle blau. Diese Blaufärbung dient als Nachweis für Stärke. Was ist Stärke?

Lichtmikroskopisch setzt sich die Kartoffelstärke aus vielen Stärkekörnern zusammen. Jedes Stärkekorn erweist sich bei elektronenmikroskopischer Betrachtung als eine Zellorganelle, die man als *Amyloplast* bezeichnet. Amyloplasten gehören wie Chloroplasten zu den Plastiden. Chemisch gesehen ist **Stärke** ein **Kohlenhydrat:** Erhitzt man Stärkepulver im Reagenzglas, „verkohlt" die Stärke unter Bildung von Wasser, das sich an den kühleren Innenwänden niederschlägt. Die Bezeichnung „Kohlenhydrate" bedeutet also, daß diese Stoffe neben Kohlenstoff (C) die Elemente Wasserstoff (H) und Sauerstoff (O) im Zahlenverhältnis 2:1 enthalten. Ihr Verbindungssymbol ist daher $C_x(H_2O)_y$. Kohlenhydrate sind jedoch keine Hydrate, die Wassermoleküle gebunden haben wie kristallwasserhaltige Salze. Auch gibt es Kohlenhydrate, die Atome anderer Elemente wie Stickstoff (N) und Schwefel (S) enthalten. Dennoch behält man die Bezeichnung für diese Stoffklasse aus historischen Gründen bei.

Zur chemischen Analyse der Stärke dient ein weiteres Experiment: Erhitzt man eine Stärkelösung mit Salzsäure, führt man also eine *Hydrolyse* durch, erhält man letztlich eine Lösung von Traubenzucker oder *Glu-* *cose.* Ein Stärkemolekül ist demnach aus Glucosemolekülen aufgebaut, es ist ein *Makromolekül.* Weitere Untersuchungen haben nun gezeigt, daß sich die Kartoffelstärke aus zwei verschiedenen Arten von Makromolekülen zusammensetzt, der **Amylose** und dem **Amylopektin.** Ein Amylosemolekül enthält bis zu 500 Glucosemoleküle, die eine schraubig gewundene Kettenform bilden. In den so entstandenen Hohlraum können sich Iodmoleküle einlagern, was eine Blaufärbung bewirkt. Ein Amylopektinmolekül enthält über 2000 Glucosemoleküle und ist im Unterschied zur Amylose noch zusätzlich verzweigt. Amylopektin ist daher im Gegensatz zu Amylose in Wasser schwer löslich. Dieser Unterschied kommt durch eine verschiedenartige Verknüpfung der Glucosemoleküle zustande.

Glucose ($C_6H_{12}O_6$) gehört zu den Einfachzuckern oder **Monosacchariden.** Monosaccharide mit sechs C-Atomen im Molekül heißen Hexosen, mit fünf C-Atomen Pentosen und mit drei C-Atomen Triosen. Glucose ist also eine Hexose. Die sechs C-Atome tragen verschiedene funktionelle Gruppen, wie aus den Eigenschaften der Glucose zu ersehen ist: Für Hydroxyl-(OH-)Gruppen spricht die gute Löslichkeit in Wasser, der süße Geschmack von Alkoholen mit mehreren OH-Gruppen (z.B. Glycerin) sowie die Esterbildung mit Säuren. Quantitative Untersuchungen haben gezeigt, daß ein Glucosemolekül fünf alkoholische OH-Gruppen enthält. Glucose reduziert FEHLING-Lösung.

Hydrolyse $+ H_2O$ ⇅ $- H_2O$ Kondensation | Kettenform der Glucose

α-Glucose α-Glucose | Übergang zur Ringform

Amylopektin | Amylose | Ringform | bzw. Kettenform

33.1. Aufbau des Kohlenhydrats Stärke

Durch die hier stattfindende Reduktion von Cu^{2+}-Ionen zu Cu^{+}-Ionen reagiert Glucose wie ein Aldehyd. Dies läßt auf eine Aldehyd-(CHO-)Gruppe schließen. Doch Glucose verhält sich nicht gegenüber allen Reagenzien wie ein Aldehyd. Das ist auf unterschiedliche Strukturen von Glucosemolekülen zurückzuführen. In einer Glucose-Lösung liegt ein geringer Teil der Moleküle in *Kettenform* vor. Diese hat am C-1-Atom eine Aldehydgruppe. Hauptsächlich kommen jedoch Sechsringe vor, bei denen das 1. und das 5. C-Atom durch ein Sauerstoffatom verbunden sind. Aufgrund des Tetraederwinkels am C-Atom weist das ringförmige Glucosemolekül eine sesselförmige Struktur auf (Abb. 34.1.). In der Ringform kommt keine Aldehydgruppe vor. In der Natur gibt es zwei mögliche Ringstrukturen, die α- und die β-Formen der Glucose (Abb. 34.1. A). Bei der α-Glucose zeigt die OH-Gruppe am C-1-Atom in die gleiche Richtung wie am C-4-Atom. Bei der β-Glucose weist die OH-Gruppe am C-1-Atom in entgegengesetzte Richtung zu der am C-4-Atom. In einer Glucose-Lösung stehen beide Formen im Gleichgewicht. Glucose wird bei der Photosynthese der grünen Pflanzen gebildet. Sie kommt in süßen Früchten und im Honig vor. Hier findet man auch den Fruchtzucker **Fructose**. Diese Hexose weist in der Kettenform am C-2-Atom eine Keto-Gruppe auf. In einer Fructose-Lösung liegen die Moleküle vorwiegend als Sechsringformen vor.
Reagiert ein Molekül β-Fructose mit einem Molekül α-Glucose, entsteht Rohrzucker oder **Saccharose**. Die

Saccharose ist ein Zweifachzucker oder **Disaccharid**. In Disacchariden bildet Fructose einen Fünfring, in dem das C-2-Atom über ein Sauerstoffatom mit dem C-5-Atom verknüpft wird. Bei der Kondensationsreaktion zwischen α-Glucose und β-Fructose reagieren die OH-Gruppe am C-1-Atom der α-Glucose (α-1) und die OH-Gruppe am C-2-Atom der β-Fructose (β-2) unter Wasserabspaltung. Man spricht von einer *α-1, β-2-glykosidischen Bindung*. **Malzzucker** ist ein Disaccharid aus zwei Molekülen α-Glucose, die eine *α-1,4-glykosidische Bindung* aufweisen. In der Amylose und im Amylopektin sind die α-Glucosemoleküle also über *α-1,4-glykosidische Bindungen* miteinander verknüpft. Die Verzweigungen im Amylopektin kommen durch eine zusätzliche *α-1,6-glykosidische Bindung* zustande.

Verbindungen aus vielen Monosacchariden heißen **Polysaccharide**. Die räumliche Struktur der Polysaccharide hängt von der glykosidischen Bindung zwischen den Einzelbausteinen, den *Monomeren*, ab. So bilden β-Glucosemoleküle über *β-1,4-glykosidische Bindungen* ein fadenförmiges Polysaccharid, die **Cellulose**. Cellulose ist ein Bestandteil der pflanzlichen Zellwand. Insofern enthalten pflanzliche Zellen im Mittel mehr Kohlenhydrate als tierische Zellen.

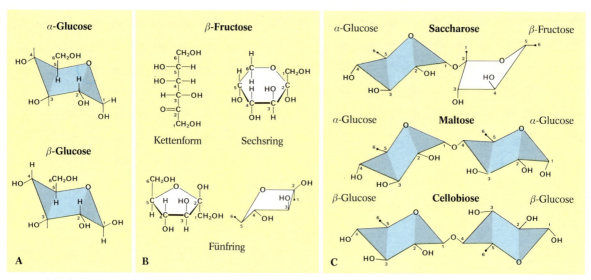

34.1. Kohlenhydrate. A Glucoseformen; B Struktursymbole der Fructose; C Disaccharide (Sesselform)

1. Geben Sie zu einer Glucoselösung, einer Fructoselösung, zu einer Probe Honig und Fruchtsäften einige Tropfen FEHLING-I- und anschließend gleiche Mengen an FEHLING-II-Lösung (=alkalisch). Erhitzen Sie kurz über der Bunsenbrennerflamme. Glucose läßt sich durch einen ziegelroten Niederschlag nachweisen. Die freie Aldehydgruppe reduziert Kupfer-II-hydroxid zu rotem Kupfer-I-oxid.
Prüfen Sie ebenso eine Saccharose- und eine Maltose-Lösung. Erklären Sie Ihre Beobachtungen.

2. In alkalischen Lösungen geht das ringförmige Fructose-Molekül in die Kettenform über. Diese wandelt sich teilweise in die Kettenform der Glucose um. Auch die Ringform der Glucose wandelt sich in alkalischer Lösung in die Kettenform um.
Versetzen Sie eine Fructose- und eine Glucoselösung mit FEHLING-Lösungen. Erwärmen Sie bei kleiner Flamme. Erklären Sie Ihre Beobachtungen.

3. Im Harn von Zuckerkranken kann Glucose mit Glucoteststreifen nachgewiesen werden. Die Teststreifen enthalten Verbindungen, die bei Anwesenheit von Glucose eine grüne Färbung ergeben.
Prüfen Sie eine Fructose- und eine Glucoselösung mit Glucoteststreifen.

4. Formulieren Sie das Reaktionssymbol (=Reaktionsgleichung) der Bildung des Disaccharids Lactose aus den Monomeren. Nehmen Sie die Abb. 35.1. zur Hilfe. Vollziehen Sie diese Reaktion an Modellen eines Molekülbaukastens nach.

5. Schaben Sie von der Schnittfläche einer rohen Kartoffel etwas Gewebe ab. Fertigen Sie ein Präparat nach Abb. 8.3. an, nachdem Sie einen Tropfen Iod-Kaliumiodidlösung hinzugegeben haben. Mikroskopieren und zeichnen Sie. Untersuchen Sie in ähnlicher Weise Haferflocken, Weizenkörner und Bohnensamen.

6. Erhitzen Sie eine Stärkelösung einige Minuten mit verdünnter Salzsäure. Neutralisieren Sie die Lösung nach dem Abkühlen mit verdünnter Natronlauge (Überprüfung mit pH-Indikator). Prüfen Sie die Lösung mit FEHLING-Lösungen und Iod-Kaliumiodidlösung. Erklären Sie Ihre Beobachtungen.
Wiederholen Sie den Versuch mit Saccharose.

7. Erläutern Sie die Bildung einer fadenförmigen Struktur bei der Cellulose.

8. Geben Sie auf je ein Stückchen Holundermark und Baumwolle einige Tropfen einer Chlorzinkiodlösung. Violettfärbung zeigt Cellulose an.

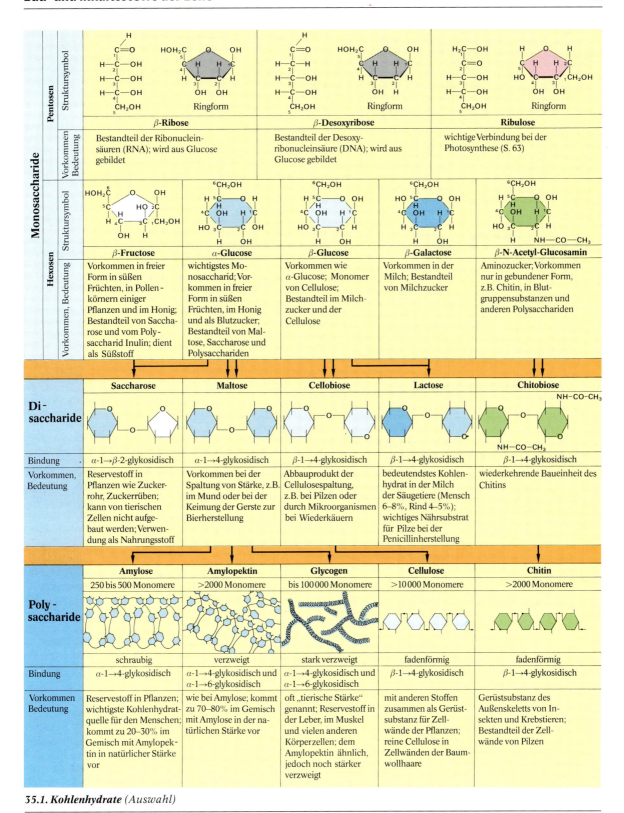

Monosaccharide

Pentosen

Struktursymbol	β-Ribose	β-Desoxyribose	Ribulose
Vorkommen, Bedeutung	Bestandteil der Ribonucleinsäuren (RNA); wird aus Glucose gebildet	Bestandteil der Desoxyribonucleinsäure (DNA); wird aus Glucose gebildet	wichtige Verbindung bei der Photosynthese (S. 63)

Hexosen

Struktursymbol	β-Fructose	α-Glucose	β-Glucose	β-Galactose	β-N-Acetyl-Glucosamin
Vorkommen, Bedeutung	Vorkommen in freier Form in süßen Früchten, in Pollenkörnern einiger Pflanzen und im Honig; Bestandteil von Saccharose und vom Polysaccharid Inulin; dient als Süßstoff	wichtigstes Monosaccharid; Vorkommen in freier Form in süßen Früchten, im Honig und als Blutzucker; Bestandteil von Maltose, Saccharose und Polysacchariden	Vorkommen wie α-Glucose; Monomer von Cellulose; Bestandteil im Milchzucker und der Cellulose	Vorkommen in der Milch; Bestandteil von Milchzucker	Aminozucker; Vorkommen nur in gebundener Form, z.B. Chitin, in Blutgruppensubstanzen und anderen Polysacchariden

Di-saccharide

	Saccharose	Maltose	Cellobiose	Lactose	Chitobiose
Bindung	α-1→β-2-glykosidisch	α-1→4-glykosidisch	β-1→4-glykosidisch	β-1→4-glykosidisch	β-1→4-glykosidisch
Vorkommen, Bedeutung	Reservestoff in Pflanzen wie Zuckerrohr, Zuckerrüben; kann von tierischen Zellen nicht aufgebaut werden; Verwendung als Nahrungsstoff	Vorkommen bei der Spaltung von Stärke, z.B. im Mund oder bei der Keimung der Gerste zur Bierherstellung	Abbauprodukt der Cellulosespaltung, z.B. bei Pilzen oder durch Mikroorganismen bei Wiederkäuern	bedeutendstes Kohlenhydrat in der Milch der Säugetiere (Mensch 6–8%, Rind 4–5%); wichtiges Nährsubstrat für Pilze bei der Penicillinherstellung	wiederkehrende Baueinheit des Chitins

Poly-saccharide

	Amylose	Amylopektin	Glycogen	Cellulose	Chitin
	250 bis 500 Monomere	>2000 Monomere	bis 100 000 Monomere	>10 000 Monomere	>2000 Monomere
	schraubig	verzweigt	stark verzweigt	fadenförmig	fadenförmig
Bindung	α-1→4-glykosidisch	α-1→4-glykosidisch und α-1→6-glykosidisch	α-1→4-glykosidisch und α-1→6-glykosidisch	β-1→4-glykosidisch	β-1→4-glykosidisch
Vorkommen, Bedeutung	Reservestoff in Pflanzen; wichtigste Kohlenhydratquelle für den Menschen; kommt zu 20–30% im Gemisch mit Amylopektin in natürlicher Stärke vor	wie bei Amylose; kommt zu 70–80% im Gemisch mit Amylose in der natürlichen Stärke vor	oft „tierische Stärke" genannt; Reservestoff in der Leber, im Muskel und vielen anderen Körperzellen; dem Amylopektin ähnlich, jedoch noch stärker verzweigt	mit anderen Stoffen zusammen als Gerüstsubstanz für Zellwände der Pflanzen; reine Cellulose in Zellwänden der Baumwollhaare	Gerüstsubstanz des Außenskeletts von Insekten und Krebstieren; Bestandteil der Zellwände von Pilzen

35.1. Kohlenhydrate *(Auswahl)*

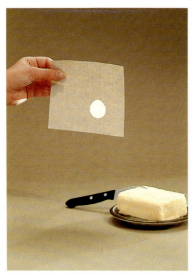

36.1. Fettfleckprobe

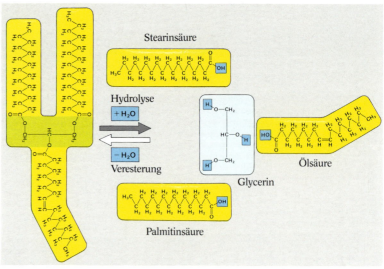

36.2. Aufbau eines Triglycerid-Moleküls

3. Lipide sind auch Reservestoffe

Zerdrückt man Samen von Sonnenblume, Raps, Lein oder Erdnuß auf Filtrierpapier, erhält man jeweils einen Fettfleck. Durch Auspressen z.B. kann man also flüssige Fette, die Öle, verschiedener Pflanzensamen gewinnen. Im Gegensatz zu pflanzlichen Fetten wie z.B. Sonnenblumenöl sind tierische Fette bei Zimmertemperatur fest wie z.B. Talg (Rinderfett) oder halbfest wie Butter (Milchfett) und Schmalz (Schweinefett). Worin unterscheiden sich feste und flüssige Fette?

Fette oder **Lipide** lassen sich mit alkalischen Lösungen wie Natronlauge oder Kalilauge zerlegen. Bei dieser Hydrolyse entstehen Glycerin und die Alkalisalze von Carbonsäuren. **Glycerin** ist ein Alkohol mit drei Hydroxylgruppen (−OH) im Molekül. Bei den **Carbonsäuren** handelt es sich um langkettige Säuremoleküle, die an einem Ende eine Carboxylgruppe (−COOH) tragen. Die in Fetten vorkommenden Carbonsäuren nennt man **Fettsäuren.** In Buttersäure, Palmitinsäure und Stearinsäure z.B. sind die Kohlenstoff-(C-)Atome nur durch Einfachbindungen verknüpft. Solche Fettsäuren bezeichnet man als *gesättigt.*
Ungesättigte Fettsäuren dagegen enthalten eine oder mehrere C=C-Doppelbindungen im Molekül. So ist die Ölsäure mit 1 Doppelbindung eine einfach ungesättigte, die Linolsäure mit 2 Doppelbindungen eine zweifach ungesättigte Fettsäure. Der menschliche Körper kann mehrfach ungesättigte Fettsäuren nicht selbst synthetisieren. Da sie für ihn jedoch lebenswichtig, *essentiell*, sind, müssen sie mit der Nahrung zugeführt

werden. Essentielle Carbonsäuren spielen im Stoffwechsel eine bedeutende Rolle. Man hat sie daher den Vitaminen zugeordnet und insgesamt als *Vitamin F* bezeichnet.

Fettsäuren und Glycerin reagieren unter Wasserbildung zu Fettmolekülen. Ein Fettmolekül ist also ein **Ester** des Alkohols Glycerin. Ein Glycerinmolekül kann mit drei Molekülen derselben Fettsäure oder mit verschiedenen Fettsäuremolekülen verestert sein. Solche Glycerinester nennt man auch **Triglyceride** oder *Neutralfette.*
In natürlich vorkommenden Fetten liegen meist Gemische der verschiedenen Triglyceride vor. Dabei bestimmen die Fettsäureanteile das chemische Verhalten sowie die physikalischen Eigenschaften der Lipide. So reagieren die C=C-Atome in ungesättigten Fettsäuren mit Halogenen, indem z.B. Iod angelagert wird. Auf diese Weise kann die Anzahl der Doppelbindungen in einem Fett bestimmt werden. Dabei gibt die *Iodzahl* an, wieviel Gramm Iod von 100 g des untersuchten Fettes gebunden werden. Sie beträgt z.B. bei Milchfett etwa 40 und bei Sonnenblumenöl etwa 130. Sonnenblumenöl enthält also einen größeren Anteil ungesättigter Fettsäuren gegenüber dem Milchfett. Offensichtlich ist der Anteil ungesättigter Fettsäuren mit für den Aggregatzustand des Fettes verantwortlich. Kokosfett und Talg sind Triglyceridgemische mit überwiegend langkettigen, gesättigten Fettsäuren und daher bei Zimmertemperatur fest.

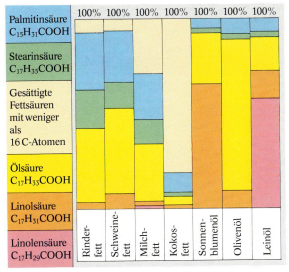

	100%	100%	100%	100%	100%	100%	100%
Palmitinsäure $C_{15}H_{31}COOH$							
Stearinsäure $C_{17}H_{35}COOH$							
Gesättigte Fettsäuren mit weniger als 16 C-Atomen							
Ölsäure $C_{17}H_{33}COOH$							
Linolsäure $C_{17}H_{31}COOH$							
Linolensäure $C_{17}H_{29}COOH$	Rinderfett	Schweinefett	Milchfett	Kokosfett	Sonnenblumenöl	Olivenöl	Leinöl

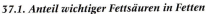

37.1. Anteil wichtiger Fettsäuren in Fetten

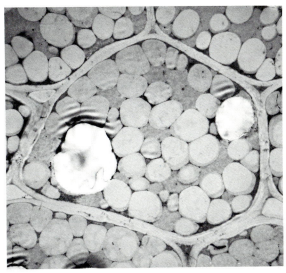

37.2. Speicherzelle aus einem Keimblatt (EM-Bild)

Fette sind energiereiche Verbindungen. Bei der Verwertung in Lebewesen werden pro Gramm Fett etwa 39 kJ frei. Fette werden daher als **Reservestoffe** gespeichert. Mensch und Tier speichern Fette hauptsächlich im Unterhautfettgewebe. Bei Walen und Robben z.B. dient das abgelagerte Fett auch der *Wärmeisolation*. Lebenswichtige Organe wie z.B. Nieren und Leber werden bei den meisten Säugetieren durch einen Fettmantel geschützt. In fettreichen pflanzlichen Samen werden Fette in Speicherzellen des Endosperms (Nährgewebe) oder der Keimblätter (Abb. 37.2.) gelagert. Sie liegen als kugelförmige Gebilde, **Oleosomen**, im Cytoplasma. Oleosomen sind von keiner Membran begrenzt. Triglyceride sind hydrophob. Die an der Oberfläche von Oleosomen liegenden Lipidmoleküle wirken daher gegenüber dem hydrophilen Cytoplasma wie eine Begrenzung.

Membranen enthalten dagegen vorwiegend Lipidmoleküle, die einen hydrophilen und einen hydrophoben Bereich besitzen. Solche Lipidmoleküle gehören zu den **Phospholipiden**. Ein bekanntes Phospholipid ist das *Lecithin:* Ein Phosphorsäuremolekül ist mit einem Glycerinmolekül (genauer Diglycerid) und mit dem Alkohol Cholin verestert. Es gibt aber auch hydrophobe Membranlipide wie das *Cholesterin*, das zu einer weiteren Klasse der Lipide, den **Steroiden**, gehört. Sie kommen vor allem in tierischen Geweben wie im Nervengewebe und im Blut vor. Cholesterin ist eine wichtige Ausgangssubstanz für den Aufbau von Hormonen.

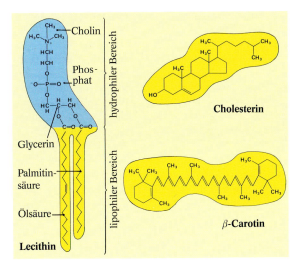

37.3. Lipide. *Das Carotin (roter Farbstoff der Karotte) gehört zu den Carotinoiden. Diese Klasse von Lipiden kann nur von Pflanzen synthetisiert werden (Vitamine für Mensch und Tier).*

1. Führen Sie die Fettfleckprobe bei tierischem Fett und verschiedenen Samen durch. Vergleichen Sie jeweils mit einem Tropfen Wasser, den Sie ebenfalls auf das Filtrierpapier geben.

2. Drei verschiedene Fette haben folgende Iodzahlen: Fett A 10, Fett B 100, Fett C 180. Was sagen diese Werte über die drei Fettsorten aus?

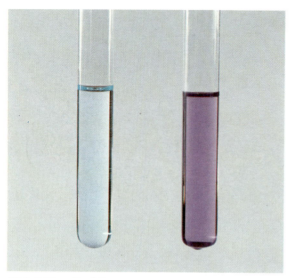

38.1. BIURET-*Reaktion*

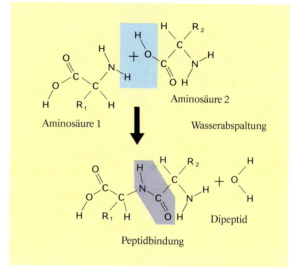
38.2. *Peptidbindung*

4. Proteine nehmen die erste Stelle ein

4.1. Proteine zeigen unterschiedliche Strukturen

Wenn man eine wäßrige Eiklarlösung mit Natronlauge versetzt, leicht erwärmt und tropfenweise CuSO₄-Lösung hinzugibt, ist eine Rotviolettfärbung zu beobachten. Es hat eine sogenannte BIURET-Reaktion stattgefunden. Welche Rückschlüsse läßt diese Reaktion auf die Zusammensetzung der Eiklarlösung zu?

Die BIURET-Reaktion fällt positiv aus, wenn eine *Peptidbindung* vorliegt. Das ist die Bindung zwischen dem C-Atom einer Carboxylgruppe und dem N-Atom einer Aminogruppe. Man kann nachweisen, daß im Eiklar viele solcher Bindungen vorliegen. Wenn man diese Bindungen enzymatisch auflöst, erhält man eine Vielzahl kleiner Moleküle, die alle das gleiche Grundgerüst aufweisen (Abb. 40.1.). Ein zentrales C-Atom trägt auf der einen Seite eine *Aminogruppe* ($-NH_2$), auf der anderen eine *Carboxylgruppe* ($-COOH$), die für Säuren charakteristisch ist. Man spricht daher von **Aminosäuren.** In Lebewesen hat man 20 verschiedene Aminosäuren nachgewiesen. Sie unterscheiden sich lediglich in einer Seitenkette, die ebenfalls am zentralen C-Atom sitzt.
Wenn, wie beim Eiklar, mehr als 100 Aminosäuren über Peptidbindungen miteinander verbunden sind, spricht man von einem **Protein** oder Eiweiß. Bei weniger als 100 Aminosäuren handelt es sich um *Di-, Tri-* oder *Polypeptide.*

Die Eigenschaften eines Proteins sind nicht nur durch Anzahl und Art der enthaltenen Aminosäuren, sondern auch durch deren Reihenfolge, deren Sequenz, bestimmt. Diese *Aminosäuresequenz* wird auch **Primärstruktur** genannt.
Proteine verändern ihre Eigenschaften, wenn man sie auf über 60 °C erwärmt. So verfestigt sich eine Eiklarlösung beim Erhitzen: Man sagt, die Eiweiße *koagulieren.* Es läßt sich überprüfen, daß durch eine solche Erwärmung die einzelnen Peptidbindungen nicht aufgelöst werden, die Primärstruktur also nicht verändert wird. Wie ist nun dieser Temperatureffekt zu erklären? Offensichtlich verändert sich durch das Erhitzen die Raumstruktur der Eiweiße. Zur Ermittlung der Raumstruktur von Proteinen läßt man sie zunächst auskristallisieren. So gewonnene Proteinkristalle kann man dann mit Röntgenstrahlen durchleuchten. Aufgrund der Ablenkung dieser Röntgenstrahlen sind Aussagen über die räumliche Anordnung einzelner Atome in einem Proteinmolekül möglich. Danach schreibt man zum Beispiel den Proteinen eines Haares folgende Raumstruktur zu: Man stellt sich das Proteinmolekül um einen Zylinder gewickelt vor, so daß eine Schrauben- oder *α-Helix-Struktur* entsteht. Dabei stehen die CO- und NH-Gruppen verschiedener Peptidbindungen so übereinander, daß zwischen ihnen *Wasserstoffbrückenbindungen* ausgebildet werden können. Dadurch wird die Schraubenstruktur stabilisiert.
Bei anderen Proteinen wie z.B. in Seidenfasern sind die Wasserstoffbrückenbindungen innerhalb des

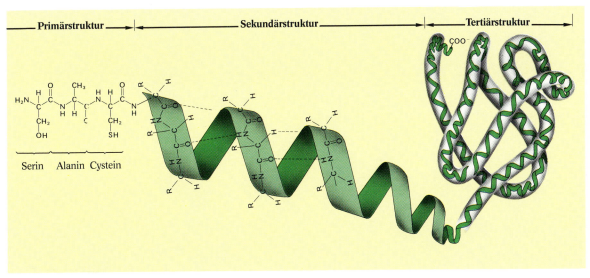

Primärstruktur — Sekundärstruktur — Tertiärstruktur

Serin Alanin Cystein

39.1. Proteinstrukturen

schraubenförmigen Moleküls gelöst worden: Es entsteht ein gestrecktes Proteinmolekül. Lagern sich mehrere solcher Moleküle nebeneinander, werden zwischen den CO- und NH-Gruppen benachbarter Moleküle Wasserstoffbrückenbindungen ausgebildet. Es entsteht eine flächige, blattartige Proteinstruktur, die *Faltblattstruktur*. Dadurch stehen die Seitenketten senkrecht nach oben bzw. unten und behindern sich nicht gegenseitig. Schraubungen und Faltungen von Proteinketten bezeichnet man als **Sekundärstrukturen**. Welche Sekundärstruktur ein Protein ausbildet, hängt ausschließlich von seiner Aminosäuresequenz, also von seiner Primärstruktur ab.

Häufig sind die α-Helix und das Faltblatt eines Proteinmoleküls noch zusätzlich geschraubt, gefaltet oder anderweitig geformt. Man nennt diese zusätzliche räumliche Organisation **Tertiärstruktur**. Sie wird stabilisiert durch Wasserstoffbrückenbindungen, Elektronenpaarbindungen oder durch Ionenbindungen (s. Abb. 31.2.). Beim Erwärmen von Proteinen werden insbesondere die relativ schwachen Wasserstoffbrückenbindungen gelöst. Dadurch werden die Sekundär- und Tertiärstrukturen teilweise oder ganz zerstört: Das Protein verliert seine biologische Wirksamkeit.

Treten mehrere in ihrer Tertiärstruktur vorliegende Polypeptid- oder Eiweißketten zu einem Riesenmolekül zusammen, so bezeichnet man ihre Anordnung im Raum als **Quartärstruktur**. Dies ist zum Beispiel beim roten Blutfarbstoff mit seinen vier Eiweißketten der Fall.

1. Das Eiklar eines Hühnereis wird mit 80 ml Wasser und etwas Kochsalz verquirlt und durch Glaswolle gegossen. Das Filtrat ist eine Eiweißlösung. 4 ml dieser Eiweißlösung werden mit 4 ml verd. NaOH-Lösung versetzt und erwärmt. Tropfenweise gibt man 1%ige CuSO$_4$-Lösung hinzu (BIURET-Reaktion).

2. 4 ml der Eiweißlösung aus 1. werden mit 2 ml konz. NaOH-Lösung versetzt und erhitzt. Über die Reagenzglasöffnung hält man feuchtes Lackmuspapier. Vorsicht: Mit Schutzbrille arbeiten!

3. 4 ml der Eiweißlösung aus 1. werden langsam erwärmt bis auf ca. 90 °C.

4. 4 ml der Eiweißlösung aus 1. werden mit 1 ml Ninhydrin-Lösung (4 g Ninhydrin in 100 ml Methanol) versetzt. Nach Zugabe von 1 ml verd. Essigsäure läßt man die Lösung mehrere Minuten kochen, bis eine violettbraune Färbung zu beobachten ist (Nachweis von Aminosäuren).

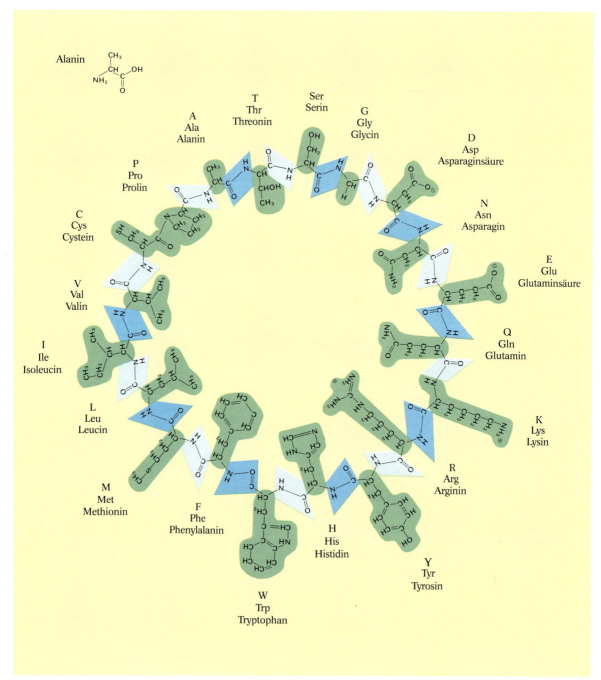

40.1. Aminosäuren – keine gleicht der anderen

5. Skizzieren Sie die vollständigen Strukturformeln (-symbole) der Aminosäuren Isoleucin und Tryptophan (s. Beispiel Ala in Abb. 40.1.).

6. Formulieren Sie anhand von Strukturformeln (-symbolen) die Reaktionsgleichung (das Reaktionssymbol) der Bildung des Dipeptids aus
a) Threonin und Tyrosin; b) Asparaginsäure und Asparagin.

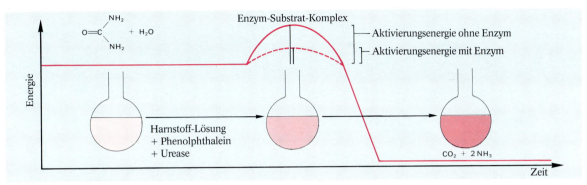

41.1. Enzymatische Spaltung von Harnstoff.
Zu 10 ml einer 10%igen Harnstofflösung werden 3 Tropfen Phenolphthalein gegeben. Dieses Gemisch versetzt man mit 6 Tropfen einer Urease-Aufschwemmung. Zusätzlich wird ein Kontrollversuch ohne Zusatz von Urease durchgeführt.

1. Geben Sie eine Spatelspitze Harnstoff in ein Reagenzglas und halten Sie dieses in die farblose Flamme eines Bunsenbrenners. Überprüfen Sie die Dämpfe mit feuchtem Lackmuspapier und – vorsichtig – auf ihren Geruch.

2. Wiederholen Sie den Versuch in Abb. 41.1., indem Sie
a) 6 Tropfen abgekochter Ureaselösung hinzugeben;
b) statt der Harnstofflösung eine Thioharnstofflösung verwenden ($S = C(NH_2)_2$).

4.2. Proteine als Katalysatoren der Zelle

Wenn man etwas Harnstoff mit einigen Tropfen Wasser in einem Reagenzglas erhitzt, steigen stechend riechende Dämpfe auf. Dabei handelt es sich um das Gas Ammoniak (NH_3). Zusätzlich entsteht Kohlenstoffdioxid (CO_2). Harnstoff ist durch die Hitzeeinwirkung offensichtlich in die beiden Gase NH_3 und CO_2 zerlegt worden. Löst man Harnstoff in Wasser und beläßt die Lösung bei Zimmertemperatur, so ist kein Harnstoffzerfall feststellbar. Gibt man jedoch zusätzlich einige Tropfen einer Urease-Aufschwemmung hinzu, beginnt Harnstoff zu zerfallen. Man kann dies mit Hilfe des Indikators Phenolphthalein sichtbar machen: Die Lösung färbt sich allmählich rot. Offensichtlich fördert die in geringen Mengen zugesetzte Urease den Zerfall von Harnstoff. Eine chemische Analyse ergibt, daß Urease ein Protein ist. Man nennt solche Eiweiße, die in geringen Konzentrationen den Ablauf biochemischer Reaktionen fördern, **Enzyme** oder Biokatalysatoren. Wie ist die *katalytische Wirkung* von Enzymen zu erklären?

Soll eine chemische Reaktion ablaufen, wie die Spaltung von Harnstoff in NH_3 und CO_2, muß zunächst zur Aktivierung der Reaktionspartner Energie aufgewendet werden. Diese Energie nennt man *Aktivierungsenergie*. Man kann Aktivierungsenergie z.B. in Form von Wärme zuführen: Beim Erhitzen zerfällt Harnstoff. Soll die Reaktion jedoch bei Zimmertemperatur bzw.

Körpertemperatur ablaufen, muß die Aktivierungsenergie erniedrigt werden. Diese Aufgabe übernehmen Enzyme: Sie setzen die Aktivierungsenergie soweit herab, daß biochemische Reaktionen bei physiologisch sinnvollen Temperaturen ablaufen können.

Die Wirkungsweise eines Enzyms stellt man sich so vor: Das Enzymmolekül besitzt in einer bestimmten Region ein sogenanntes *aktives Zentrum*, das für die katalytische Wirkung verantwortlich ist. Der umzusetzende Stoff, das *Substrat*, wird an das aktive Zentrum gebunden. Diese relativ lockere Verbindung zwischen Enzym und Substrat bezeichnet man als *Enzym-Substrat-Komplex*. In einem weiteren Reaktionsschritt zerfällt dieser Enzym-Substrat-Komplex in die *Reaktionsprodukte* und das unveränderte Enzym, das nun die Umsetzung eines weiteren Substratmoleküls katalysieren kann.

Thioharnstoff ($S = C(NH_2)_2$), der in seiner Struktur dem Harnstoff sehr ähnlich ist, wird durch Urease nicht gespalten. Urease katalysiert also nur ein spezifisches Substrat, den Harnstoff. Eine solche *Substratspezifität* ist kennzeichnend für Enzyme. Zudem kann ein Enzym an einem Substrat nur eine ganz bestimmte chemische Veränderung katalysieren. Man spricht daher von der *Wirkungs-* oder *Reaktionsspezifität* eines Enzyms. Die Enzyme werden nach ihrer Substrat- und ihrer Wirkungsspezifität benannt. So heißt das Enzym, das Äpfelsäure (Malat) unter Wasserstoffabspaltung

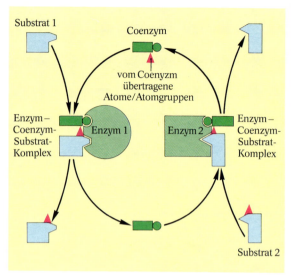

42.1. *Die Wirkung eines Coenzyms*

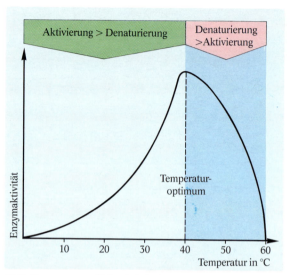

42.2. *Temperaturabhängigkeit der Enzymwirkung*

(Dehydrierung) zu Oxalessigsäure umwandelt, *Malatdehydrogenase*. Der Name eines Enzyms schließt also mit der Endsilbe „ase" ab. Bei Enzymen, die wie die Urease ihr Substrat hydrolytisch spalten, verzichtet man auf die Kennzeichnung ihrer Wirkungsspezifität.

Die Malatdehydrogenase kann jedoch nur aktiv sein, wenn ein „Nicht-Protein-Molekül" hinzukommt: Das Nicotinamid-adenin-dinucleotid (NAD^+) nimmt den abgespaltenen Wasserstoff auf und wird somit zu $NADH + H^+$. Man bezeichnet solche Moleküle, die zusammen mit dem eigentlichen Enzym eine Reaktion katalysieren, als **Coenzyme.** Da sie aus einer solchen Reaktion jedoch verändert hervorgehen und sich somit wie ein Substrat verhalten, ist die Benennung als *Co-Substrat* zutreffender. Sie müssen in einer zweiten, ebenfalls enzymgesteuerten Reaktion regeneriert werden. So übergibt das $NADH + H^+$ „seinen" Wasserstoff an das Flavoprotein der Atmungskette und steht dann als NAD^+ wieder für eine enzymatisch gesteuerte Dehydrierung zur Verfügung.

Ein anderes wichtiges Coenzym im Zellstoffwechsel ist das Adenosintriphosphat (*ATP*). Bei seinem Zerfall in Adenosindiphosphat (*ADP*) und Phosphorsäure (P) wird Energie frei, die für enzymatisch gesteuerte energieaufwendige Reaktionen verwendet werden kann. Umgekehrt ist ADP als Coenzym an Reaktionen beteiligt, die Energie freisetzen. Dabei wird aus ADP und P das energiereiche ATP gebildet.

Enzymatisch gesteuerte Reaktionen sind temperaturabhängig. Im Temperaturbereich unter 30 °C folgen Enzyme der Reaktionsgeschwindigkeits-Temperatur-Regel (*RGT-Regel*): Bei einer Steigerung der Reaktionstemperatur um 10 °C verdoppelt sich die Reaktionsgeschwindigkeit. Eine über 30 °C hinausgehende Erhöhung bewirkt, daß bei immer mehr Enzymmolekülen die Raumstruktur zerstört wird, die Enzyme werden *denaturiert*. Dadurch verlieren sie ihre Wirksamkeit. Nur bei wenigen Lebewesen sind die Enzyme hitzebeständiger, so zum Beispiel bei dem in heißen Quellen lebenden Bacillus stearothermophilus.

Proteine kommen in der Zelle also als Enzymproteine und als Strukturproteine vor. Ohne Proteine können keine Lebensvorgänge ablaufen: Sie nehmen daher unter den Bau- und Inhaltsstoffen der Zelle die erste Stelle ein, was ihre Bezeichnung Protein (griech. proteos) bedeutet.

3. Geben Sie zu 10 ml einer 10%igen Harnstofflösung 3 Tropfen Phenolphthalein, einen Tropfen einer 0,001 M AgNO₃-Lösung sowie 6 Tropfen einer Urease-Aufschwemmung.
Erklären Sie das Versuchsergebnis mit Hilfe folgender Zusatzinformation: Schwermetallionen verändern die Raumstruktur von Eiweißmolekülen.

Lysozym – ein Enzym unter der Lupe

Als A. FLEMING 1922 einige Tropfen Nasenschleim zu einer Bakterienkultur gab, starb ein Großteil der Bakterien ab. FLEMING vermutete, daß sich im Schleim ein bakterienauflösendes Enzym befinde. Er nannte es *Lysozym*. Inzwischen hat man die bakterienauflösende Wirkung dieses Enzyms, das sich auch im Magensaft, im Schweiß oder im Blut nachweisen läßt, genauer untersucht.

Das Lysozym löst die Zellwände von Bakterien auf, indem es Murein, einen Stoff der bakteriellen Zellwand, abbaut. Murein besteht aus quervernetzten Polysaccharidketten, in denen sich N-Acetylglucosamin (NAG) und N-Acetylmuraminsäure (NAM) abwechseln. Deren glykosidische Bindungen werden vom Lysozym hydrolytisch aufgelöst.

Lysozym ist ein Protein, das aus 129 Aminosäuren besteht. Seine Raumstruktur ist vollständig aufgeklärt. Man kann seine Gestalt als eiförmig kennzeichnen. Auf seiner Oberfläche bildet das Lysozym eine tiefe Rinne, die das Substrat aufnimmt. Auf der einen Seite dieser Substratrinne befinden sich u.a. folgende Aminosäuren der fortlaufenden Aminosäuresequenz 35, 36, 44, 57, 58, 59 und 62; auf der anderen Seite 114, 37, 34, 35, 57, 58, 107, 108, 63 und 101. In diese Substratrinne paßt ein Oligosaccharid, das aus mindestens 6 NAG- und NAM-Resten besteht. Beim Einlagern eines solchen Substrats verlagert sich ein Teil der Polypeptidkette des Enzyms. Man spricht hier von der *induzierten Anpassung* des Enzymmoleküls an das Substratmolekül. Zwischen beiden Molekülen werden Wasserstoffbrückenbindungen ausgebildet. Dadurch wird ein Kohlenhydratring aus der Sesselform in eine gespannte, ebene Form gedrängt. Dies begünstigt die Spaltung der C−O−C-Bindung. Eingeleitet wird diese Spaltung dadurch, daß die Carboxylgruppe der Glutaminsäure (Position 35) ein Proton an das O-Brückenatom abgibt.

Man vergleicht das räumliche Zusammenpassen von Substratmolekül und Enzymmolekül im Bereich der Substratbindungsstelle mit dem Passen eines Schlüssels zum Schloß. Man spricht daher vom **Schlüssel-Schloß-Prinzip.**

4. Erklären Sie mit Hilfe des Schlüssel-Schloß-Prinzips, weshalb Änderungen in der Aminosäuresequenz eines Enzyms dessen Aktivität herabsetzen können.

5. Vergleichen Sie die Begriffe „aktives Zentrum" und „Substratrinne".

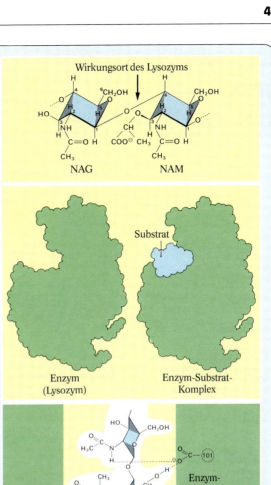

Wirkungsort des Lysozyms

NAG   NAM

Substrat

Enzym (Lysozym)   Enzym-Substrat-Komplex

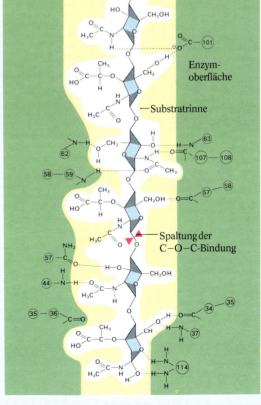

Enzymoberfläche

Substratrinne

Spaltung der C−O−C-Bindung

Bau und Funktion von Zellbestandteilen

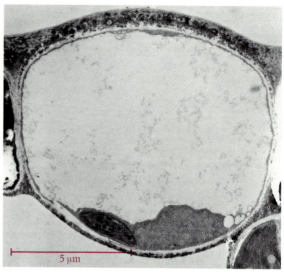

44.1. Epidermiszelle *(EM-Bild)*

1. Die Zellwand – Kennzeichen der pflanzlichen Zelle

"... Our MICROSCOPE informs us that the substance of Cork is altogether fill'd with Air, and that Air is perfectly enclosed in little Boxes or Cells distinct from one another ..." So beschreibt HOOKE 1667 in seinem Buch ‚MICROGRAPHIA' Zellen aus der Rinde der Korkeiche. Die Entdeckung der Zelle war eigentlich eine Entdeckung der Zellwände. Korkzellen bestehen nur aus verkorkten Zellwänden, das Zellplasma selbst ist abgestorben. Zellwände stellen also eine Art Gerüst für die Pflanze dar. Sie sind typisch für pflanzliche Zellen, denn tierische Zellen werden ausschließlich von der Zellmembran begrenzt. Wie sind solche Zellwände aufgebaut?

Licht- und elektronenmikroskopische Bilder von Zellwänden zeigen einen geschichteten und fibrillären Aufbau. Verfolgen wir zum besseren Verständnis dieser Beobachtung die Entstehung von Zellwänden. Geschlechtszellen von Pflanzen haben keine Zellwände, sie sind nur von der Zellmembran begrenzt. Erst nach der Befruchtung scheidet die Eizelle an ihrer Oberfläche eine dünne Schicht gelartiger Stoffe ab, die die **Primordialwand** bilden. Bei diesen Stoffen handelt es sich hauptsächlich um **Pektine**. Sie sind aus langkettigen, kohlenhydratähnlichen Molekülen zusammengesetzt, die über Ionen miteinander verbunden sein können. Bei jeder Zellteilung wird dann als erste Trennwand der entstehenden Tochterzellen eine Primordialwand angelegt, die als **Mittellamelle** beide Zellen zusammenhält.

Jede Tochterzelle beginnt nun gleichzeitig, neues Wandmaterial auf die Primordialwand aufzulagern. Diese Auflagerung bildet die **Primärwand.** Sie enthält elektronenoptisch sichtbare Fibrillen, die regellos in einer Grundsubstanz aus Pektinen verstreut sind. Man spricht von der **Streuungstextur** der Primärwand.
Die Fibrillen bestehen aus **Cellulose.** Cellulose ist die Gerüstsubstanz in der Zellwand. Ein Cellulosemolekül setzt sich aus etwa 10 000 miteinander verbundenen Glucosemolekülen zusammen. Ein solches Fadenmolekül kann bis zu 5 µm lang sein. Je etwa 100 Fadenmoleküle, die in der Länge gegeneinander versetzt sind und durch Wasserstoffbrücken zusammengehalten werden, bilden eine **Micelle.** Aneinandergereiht, über mehrere Cellulosemoleküle miteinander verbunden, Micellen bilden einen Strang, die **Elementarfibrille.** Etwa 15–20 Elementarfibrillen lagern sich zu elektronenoptisch sichtbaren **Mikrofibrillen** zusammen.

Während die Tochterzellen zur Größe der Mutterzelle heranwachsen, muß sich auch die elastische Primärwand dehnen. Sie wird bei diesem **Flächenwachstum** jedoch nicht dünner, da ständig neue Schichten von Mikrofibrillen angelagert werden. Ist die endgültige Zellgröße erreicht, setzt das **Dickenwachstum** der Zellwand ein: An die Primärwand wird die **Sekundärwand** angelagert. Die Anlagerung von vorwiegend Cellulose-Mikrofibrillen erfolgt in Schichten, die bei besonders dicken Sekundärwänden auch lichtoptisch sichtbar sind.

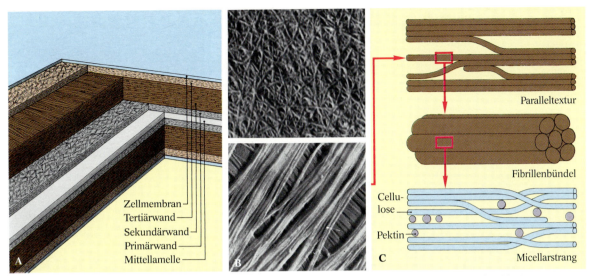

45.1. Zellwand. *A Schema; B EM-Bilder (oben Streuungs-, unten Paralleltextur); C Feinbau der Mikrofibrillen*

Die stark ausgebildete Sekundärwand wird nach innen meist durch eine dünne Schicht abgeschlossen, die als **Tertiärwand** oder als Abschlußlamelle bezeichnet wird.

Bei verschiedenen Zelltypen werden während der Bildung der Sekundärwand andere Stoffe ein- oder aufgelagert. In Zellwänden von Wasserleitungsbahnen z.B. wird die gallertige Grundsubstanz durch den starren Holzstoff **Lignin** ersetzt. Verholzte Zellwände halten hohen Druck- und Zugbelastungen stand. So können Bäume z.B. mächtige Kronen tragen und heftigen Stürmen widerstehen. In der Rinde von Korkeichen werden abwechselnd zahlreiche dünne, wasserundurchlässige Schichten aus dem Korkstoff **Suberin** den Cellulose-Schichten aufgelagert.

1. Für die Herstellung von Papier aus Holz wird die Cellulose vom Lignin getrennt. Cellulose ergibt mit Iod-Zinkchlorid-Lösung eine Violettfärbung. Weisen Sie Cellulose in Papier und in den Zellwänden von Zwiebelhautzellen nach.

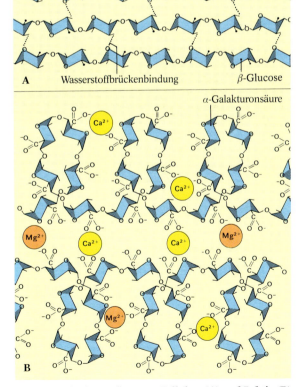

45.2. Chemischer Aufbau von Cellulose (A) und Pektin (B)

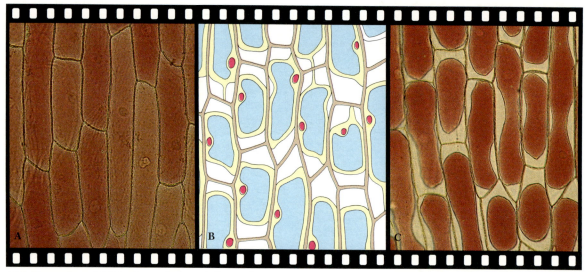

46.1. Plasmolyse. *A Nichtplasmolysierte Zellen; B beginnende Plasmolyse; C plasmolysierte Zellen.*

2. Zellmembranen lassen nicht jeden Stoff hindurch

In Salatsoße zubereitete, frische Salatblätter erschlaffen nach einiger Zeit. Topfpflanzen welken, wenn sie zuviel gedüngt werden. Wie lassen sich diese Beobachtungen erklären?

In einer Versuchsreihe werden Präparate des rotgefärbten Zwiebelhäutchens der roten Küchenzwiebel mit verschieden stark konzentrierten Zuckerlösungen behandelt und anschließend lichtmikroskopisch untersucht. Bei Lösungen mit einem höheren Zuckergehalt als 0,3 Mol/l beginnt das Cytoplasma der Zellen zu schrumpfen: Die Zellmembran, das Plasmalemma, löst sich von den Zellwänden, und die Vakuolen mit dem roten Zellsaft verkleinern sich. Dieser Vorgang heißt **Plasmolyse.** Gibt man zu plasmolysierten Zellen destilliertes Wasser oder Zuckerlösungen mit niedrigerem Gehalt als 0,3 Mol/l, so findet eine **Deplasmolyse** statt: Das Cytoplasma mit den Vakuolen dehnt sich wieder aus und wird schließlich gegen die Zellwände gedrückt. Die Festigkeit der Zellwände verhindert ein weiteres Ausdehnen. Diesen Druck des Cytoplasmas gegen die Zellwände nennt man auch **Zellturgor.**

Ist der Gehalt an gelösten Stoffen außerhalb der Zelle höher als im Zellinneren, so spricht man von einem **hypertonischen Medium.** Eine hypertonische Lösung „entzieht" der Zelle so lange Wasser, bis außen und innen die gleichen Konzentrationen vorliegen. Bei der Deplasmolyse dagegen ist die Flüssigkeit außerhalb der Zelle **hypotonisch,** d.h. die umgebende Lösung ist geringer konzentriert gegenüber dem Zellinneren: Was-

ser „dringt" in die Zelle, es diffundiert. Hierbei wird ein Konzentrationsausgleich angestrebt.

Untersuchungen haben ergeben, daß Wasser sowohl durch die Zellwände als auch durch die Zellmembranen diffundiert. Die Zellwand ist im allgemeinen für Wasser und für gelöste Stoffe durchlässig, sie ist permeabel. Zellmembranen dagegen, z.B. die Tonoplasten um die Vakuolen lassen nur Wasser durch, sie sind „halbdurchlässig" oder **semipermeabel.** Die Diffusion von Lösungsmittel-Molekülen durch eine semipermeable Membran bezeichnet man als **Osmose.**

Den Gehalt an gelösten Stoffen im Zellinneren nennt man auch *osmotischen Wert* der Zelle. Bei einer Zuckerkonzentration von etwa 0,3 Mol/l im obigen Versuch ist die Grenze zur Plasmolyse erreicht (Grenzplasmolyse): Die Konzentration außerhalb der Zelle entspricht dann der Konzentration im Zellinneren. Eine solche Lösung heißt **isotonisch.** Die Salzlösung in der Salatsoße dagegen muß hypertonisch sein, so daß den Zellen der Salatblätter auf osmotischem Wege Wasser entzogen wird. Dadurch sinkt der Turgor, und die Blätter welken. Auch bei der Überdüngung von Topfpflanzen liegt im Gießwasser eine höhere Konzentration an gelösten Salzen vor als den osmotischen Werten der Zellen entspricht.

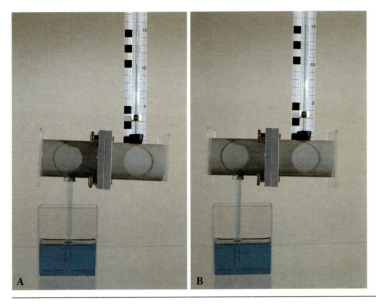

A

B

47.1. Osmometer. *Mit einem Osmometer können osmotische Vorgänge quantitativ untersucht werden. Aufgrund des Konzentrationsgefälles diffundieren Wassermoleküle in die Zuckerlösung, wodurch die Flüssigkeitssäule im Steigrohr steigt. Dies geschieht so lange, bis sich ein Gleichgewicht zwischen dem osmotisch einströmenden und dem durch den hydrostatischen Druck ausgepreßten Wasser einstellt. Man bezeichnet diesen hydrostatischen Druck als den* **osmotischen Druck** *der Ausgangslösung.*

2. Was beobachten Sie an einem Osmometer, wenn anstelle von Wasser auch eine Zuckerlösung verwendet wird?

Diffusion

Wassermoleküle und gelöste Teilchen sind ständig in Bewegung. Diese temperaturabhängige Eigenbewegung wird durch Bewegungsenergie der Teilchen hervorgerufen.

Überschichtet man eine konzentrierte Kaliumpermanganat-Lösung mit Wasser, so streben die Teilchensorten eine Gleichverteilung in dem zur Verfügung stehenden Raum an. Diese auf der Eigenbewegung von Teilchen beruhende, gegenseitige Verteilung von Stoffen bis zum Konzentrationsausgleich bezeichnet man als **Diffusion**.

1. In ein Gefäß A werden 15 blaue und 5 rote, gleich große, in ein Gefäß B 5 blaue und 15 rote Perlen gegeben. Die blauen Perlen stellen Wassermoleküle, die roten gelöste Teilchen dar. Gefäß B enthält also eine „konzentrierte Lösung". Um Diffusion zu simulieren, wird gleichzeitig jeweils eine Perle aus jedem Gefäß blind gezogen und in das jeweils andere Gefäß gegeben. Dies wird 10mal durchgeführt. Die roten und blauen Perlen werden gezählt und die Anzahlen in eine Tabelle eingetragen. Wiederholen Sie diesen Vorgang 10mal! Tragen Sie die Konzentration in jedem Gefäß in Abhängigkeit von der Häufigkeit des Austausches in ein Diagramm ein!

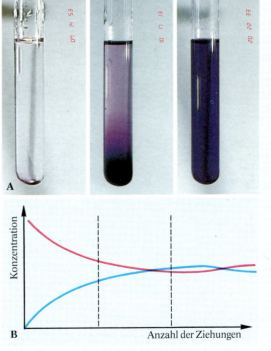

A

B

Konzentration

Anzahl der Ziehungen

47.2. Diffusion. *A Kaliumpermanganat-Versuch; B Simulationsexperiment*

Osmotische Zustandsgleichung

Sind pflanzliche Zellen von einer hypotonischen Lösung umgeben, diffundiert Wasser ins Zellinnere. Der entstehende hydrostatische Druck, auch **Turgordruck (P)** genannt, preßt das Plasmalemma gegen die Zellwand. Diese wird so lange gedehnt, bis der Gegendruck der gespannten Zellwand dem Turgordruck entspricht. Man sagt, die Zelle ist **turgeszent.** In diesem maximalen Spannungszustand „saugt" die Zelle nicht mehr Wasser ein, als gleichzeitig austritt: Die **Saugspannung (S)** ist Null, der **osmotische Wert (W)** des Zellsafts entspricht dem Turgordruck. Diese Zusammenhänge beschreibt die **osmotische Zustandsgleichung** der Zelle:

$$S = W - P.$$

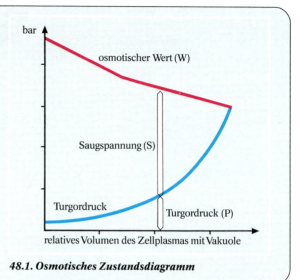

48.1. Osmotisches Zustandsdiagramm

3. Fertigen Sie ein Frischpräparat des Zwiebelhäutchens einer Küchenzwiebel an. Bringen Sie an den Rand des Deckgläschens einen Tropfen einer 1 M Kaliumnitrat-Lösung. Saugen Sie diesen Tropfen vorsichtig unter das Deckglas. Mikroskopieren und zeichnen Sie einen Gewebeausschnitt. Saugen Sie anschließend einige Tropfen destillierten Wassers durch das Präparat. Erläutern Sie die Beobachtungen zur Veränderung der Zellen.

4. Finden Sie Gemeinsamkeiten zwischen den Plasmolyse-Vorgängen in Abb. 46.1. und dem Osmometer-Versuch in Abb. 47.1. heraus.

5. Mit einem Korkbohrer werden aus einer Kartoffel zwei Zylinder ausgestochen und auf genau gleiche Länge (z.B. 40 mm) gebracht. Ein Kartoffel-Zylinder wird in ein Becherglas mit destilliertem Wasser, der zweite in ein Becherglas mit 2 M Glucoselösung gegeben.
Messen Sie einen Tag später die Längen der ausgestanzten Zylinder. Erklären Sie Ihre Ergebnisse.

6. Erläutern Sie das stechapfelförmige Aussehen der Erythrocyten in Abb. 49.1.(B). Welche Veränderungen werden sich nach Zugabe von destilliertem Wasser zu runden Erythrocyten und zu stechapfelförmigen Blutzellen ergeben?

7. Beschreiben Sie das osmotische Zustandsdiagramm einer welken Pflanze.

8. Füllen Sie eine Glas-Petrischale (ohne Deckel) zur Hälfte mit destilliertem Wasser. Die Wasseroberfläche wird mit einem Stück Einmachhaut bedeckt. Streuen Sie auf die Einmachhaut Rohrzucker (etwa ¼ Teelöffel voll). Beobachten Sie den Versuch etwa fünf Minuten lang. Erklären Sie die Beobachtungen.

9. Hexacyanoferrat-II-Ionen reagieren mit Cu^{2+}-Ionen zu schwerlöslichem Kupferhexacyanoferrat-II. Ein Kristall von Kaliumhexacyanoferrat-II (gelbes Blutlaugensalz) überzieht sich in einer Kupfersulfat-Lösung mit einer rotbraunen Niederschlagsmembran aus Kupferhexacyanoferrat. Sie ist semipermeabel. Wasser diffundiert hindurch und löst das gelbe Blutlaugensalz. Aufgrund der Volumenzunahme entsteht eine Blase. Sie heißt nach ihrem Entdecker „TRAUBEsche Zelle".
Lösen Sie in einem Becherglas mit 50 ml Wasser 2 g Kupfersulfat. Geben Sie einen größeren Kristall von gelbem Blutlaugensalz in die Lösung. Erläutern Sie die Beobachtungen.

10. Zur Simulation von Osmose-Vorgängen kann der Versuchsaufbau wie zur Simulation von Diffusionsprozessen (2., S. 47) verwendet werden. Welche Änderungen müssen in der Versuchsdurchführung vorgenommen werden? Führen Sie den Versuch anschließend durch.

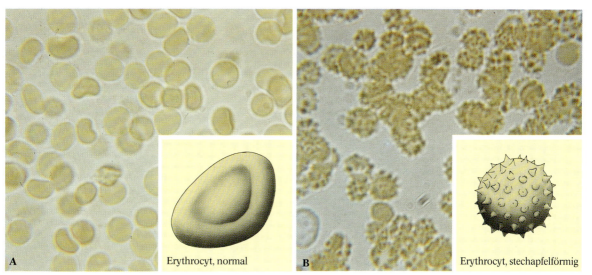

A — Erythrocyt, normal

B — Erythrocyt, stechapfelförmig

49.1. Blutzellen. A Blutausstrich ohne Kochsalzlösung; B Blutausstrich nach Zugabe von 5%iger Kochsalzlösung.

Warum platzen Einzeller nicht?

Einzeller werden durch eine Zellmembran von dem umgebenden Süßwasser getrennt. Da der osmotische Wert im Zellinneren meist höher ist als außerhalb, dringt Wasser ständig in die Zelle ein. Im Gegensatz zu Blutzellen z.B. platzen Einzeller jedoch nicht. Sie besitzen **kontraktile** oder **pulsierende Vakuolen,** mit denen sie den osmotischen Wert ihrer Zellen regulieren.

Beim Pantoffeltierchen setzt sich jede der zwei pulsierenden Vakuolen lichtoptisch aus einem *zentralen Bereich* und sternförmig umgebenden *Zuführungskanälchen* zusammen. Jeder Zuführungskanal ist über eine sogenannte *Ampulle* an den zentralen Bereich angeschlossen. Dieser Vakuolenbereich mündet durch einen *Ausführgang* nach außen.

Wasser dringt aus dem Zellplasma in die Zuführungskanäle ein. Sind sie gefüllt, kontrahieren sie sich und entleeren ihren Inhalt in den zentralen Bereich. Sobald dieser gefüllt ist, kontrahiert er sich. Durch gleichzeitige Kontraktion der Ampullen wird ein Rückfluß in die Zuführungskanäle verhindert, so daß das Wasser durch den Ausführgang nach außen gepreßt wird.

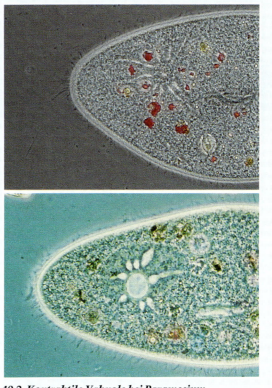

49.2. Kontraktile Vakuole bei Paramecium

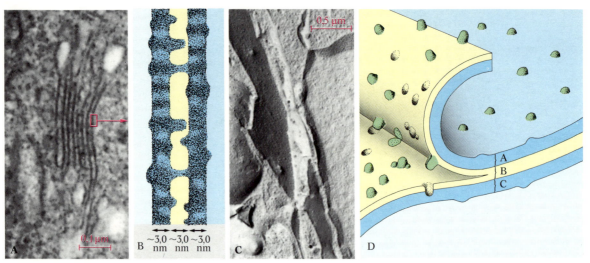

50.1. Biomembranen. *A EM-Bild (Ultradünnschnitt-Technik); B Schema zu A; C EM-Bild (Gefrierätzung); D Modell zu C (Bruch durch Membranmitte)*

3. Biomembranen sind nicht einheitlich gebaut

Biomembranen wie Plasmalemma und Tonoplast sind semipermeabel. Hierauf beruht z.B. die Plasmolyse pflanzlicher Zellen. Andererseits können bei der Aufnahme von Nährsalzen über die Wurzelhaarzellen auch gelöste Stoffe Biomembranen passieren. In Nervenzellen z.B. erfolgt die Erregungsleitung durch einen regulierten Austausch von Na^+- und K^+-Ionen über die Zellmembran. Wie sind Biomembranen mit solchen *selektiv* permeablen Eigenschaften aufgebaut?

Elektronenmikroskopische Untersuchungen ergeben zunächst ein überraschendes Bild: Nach Anwendung der Ultradünnschnitt-Technik sehen die Membranen sämtlicher Zellkompartimente einheitlich aus: Zwei elektronendichte Linien von jeweils etwa 2,5 nm Dicke begrenzen einen hellen Bereich von etwa 3 nm Dicke. Da dieser dreischichtige Aufbau bei allen Membranen einheitlich zu beobachten ist, spricht man auch von der Einheitsmembran oder der *Elementarmembran.*

Biomembranen sind jedoch nicht einheitlich gebaut, wie genauere Untersuchungen zeigten. Mit Hilfe der *Gefrierbruch-Technik* stellt man nämlich Unterschiede fest: Je nach Bruchvorgang zeigen Flächenabdrücke der Membranen im Elektronenmikroskop kugelförmige Partikel sowie Vertiefungen. Die Membranen der verschiedenen Kompartimente unterscheiden sich in Größe und Verteilung solcher Erhebungen und Vertiefungen.

Chemische Analysen von Membranfraktionen ergeben, daß in allen Biomembranen neben geringen Mengen an Kohlenhydraten vor allem Lipide und Proteine vorkommen. Unter den **Membranlipiden** bilden die Phospholipide den mengenmäßig stärksten Anteil. Trotz der chemischen Vielfalt der Membranlipide sind sie strukturell einheitlich gebaut: Jedes Lipid-Molekül besteht aus einem lipophilen und einem hydrophilen Bereich. Gibt man einen Tropfen eines solchen Lipids auf Wasser, so ordnen sich die Moleküle auf der Wasserfläche in einer monomolekularen Schicht an. In diesem Lipidfilm stehen die hydrophilen Molekülbereiche mit dem Wasser in Berührung, während die lipophilen in die Luft ragen. In einem Versuch ermittelten GORTER und GRENDEL 1925, daß die Filmfläche der Lipide aus Plasmamembranen menschlicher Erythrocyten etwa der doppelten Oberfläche dieser roten Blutkörperchen entsprach. Die beiden Forscher schlossen daraus, daß die Lipide in Biomembranen zu einer Doppelschicht angeordnet sind. In diesem **Lipid-Doppelschicht-Membranmodell** sind die Proteine noch nicht berücksichtigt.

Die Anordnung der **Membranproteine** in Biomembranen stellt man sich heute so vor, daß globuläre Proteine in der mehr oder weniger flüssigen Lipid-Doppelschicht „wie Eisberge in der See" frei beweglich sind. SINGER und NICOLSON haben ihr Membranmodell 1972 daher auch als **Flüssig-Mosaik-Modell** formuliert.

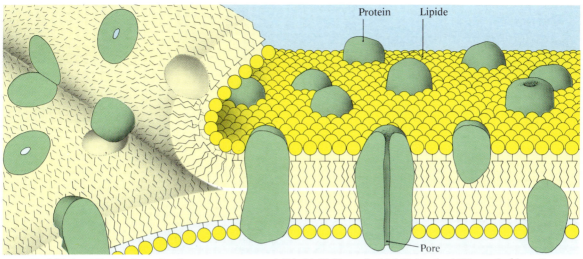

51.1. Modell einer Biomembran (nach SINGER/NICOLSON). *Die Lipid-Doppelschicht ist in der Mitte „aufgeklappt".*

Wir bauen ein Membranmodell

Zur Herstellung eines dreidimensionalen Membranmodells benötigen wir Klingeldraht, Holzperlen (∅ ca. 8 mm), Trinkhalme, Styropor, Styroporkleber, Flachzange und Schere. Zum Bau des Modells eines Membranlipid-Moleküls führen wir ein etwa 10 cm langes Drahtstück bis zur Hälfte durch das Loch einer Holzperle. Die herausragenden Drahtenden werden geknickt, einige Male gegenseitig umwunden und dann U-förmig gebogen. Die Drahtenden simulieren den hydrophoben, die Holzperlen den hydrophilen Bereich des Lipidmoleküls. Je nach beabsichtigter Größe des Membranmodells werden viele solcher Lipidmolekül-Modelle angefertigt. Die einzelnen Modelle werden über etwa 2,5 cm lange Trinkhalmstücke zu einer Kette „zusammengesteckt". Der Zusammenhalt von zwei „Lipidschichten" erfolgt ebenfalls über die Trinkhalmstücke. Kugelförmige Styropor-Teile unterschiedlicher Größe stellen die Membranproteine dar. Sie werden über seitlich angeklebte Trinkhalmstücke in die „Lipid-Doppelschicht"-Kette eingebaut. Durch Faltungen einer langen Kette entsteht das räumliche Modell. Gegenseitiges Verschieben der Lipidmolekül-Modelle bewirkt auch ein „Bewegen" der Proteinmolekül-Modelle.

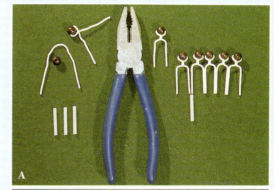

51.2. Membranmodell. *A Hilfsmittel; B räumliche Darstellung*

Carrier – „Kuriere" des Stofftransports

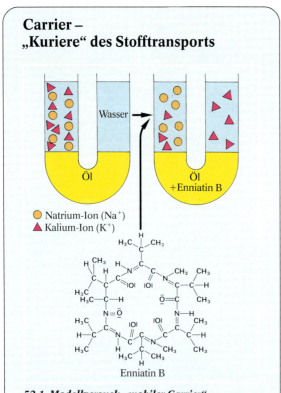

○ Natrium-Ion (Na⁺)
▲ Kalium-Ion (K⁺)

Enniatin B

52.1. Modellversuch „mobiler Carrier"

Es gibt Verbindungen, die als mobile Carrier für Ionen durch Biomembranen dienen. Solche Moleküle heißen **Ionophore.** Sie sind ringförmig oder spiralig gebaut, so daß die Kationen mehr oder weniger gut „hineinpassen". Das Kation wird ohne seine Hydrathülle von den polaren Carbonylgruppen des Ionophors gebunden. Dieser Ionophor-Ion-Komplex ist lipophil, da das Ionophor-Molekül nach außen hydrophobe Reste trägt. Auf diese Weise können Ionophore Ionen mit einer Geschwindigkeit von bis zu 10^4 Ionen pro Sekunde durch eine Lipid-Doppelschicht transportieren. Ionophore können unter verschiedenen Ionen ganz bestimmte auswählen. So zeigt das Ionophor Valinomycin z.B. eine 25 000mal höhere Selektivität für K⁺-Ionen als für Na⁺-Ionen.

1. Enniatin B ist ein scheibenförmiges Ionophor-Molekül.
Erläutern Sie den in Abb. 52.1. dargestellten Modellversuch! Inwiefern ist dies ein Modellversuch für den Stofftransport durch Biomembranen?

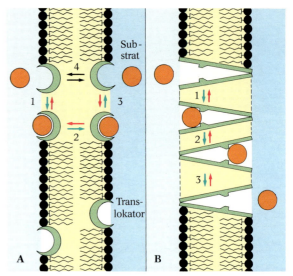

52.2. Passiver Transport. A Mobiler Carrier; B fixe Pore

In dem Flüssig-Mosaik-Membranmodell liegen die Proteine unregelmäßig verteilt vor, wobei sie unterschiedlich weit in die Lipid-Doppelschicht hineinreichen oder sogar durch sie hindurchtreten. Welche Aufgaben übernehmen Membranlipide und Membranproteine beim Stofftransport durch Membranen?

Die Lipid-Doppelschicht stellt eine nichtwäßrige Barriere zwischen zwei wäßrigen Zellkompartimenten dar. Allerdings diffundieren sehr kleine Moleküle wie die des Wassers ungehindert auch durch die Lipid-Doppelschicht. Diese freie Diffusion kleiner hydrophiler Moleküle ist möglich durch Unregelmäßigkeiten oder Fehlstellen in der Lipid-Doppelschicht, die auf den „Flüssig"-Zustand zurückzuführen sind. Lipophile Moleküle hingegen können in den lipophilen Bereich von Membranen eindringen oder sich durch die Lipid-Doppelschicht „hindurchlösen". Die freie Diffusion hängt dabei von der Strukturähnlichkeit dieser Moleküle mit den Membranlipiden ab.

Wasserlösliche Moleküle sowie hydratisierte Ionen können die Lipid-Doppelschicht nicht frei passieren. Für diesen **spezifischen Transport** sind spezifische Membranproteine verantwortlich, die **Translokatoren** oder **Carrier** heißen. Zur Struktur und Wirkungsweise von Translokatoren sind viele Modelle entwickelt worden.

Beim Modell des **mobilen Carriers** diffundiert das Transportprotein nach „Beladung" von einer Membranseite zur anderen. Ein anderes wichtiges Modell geht von tunnelförmigen Translokatoren aus, die durch

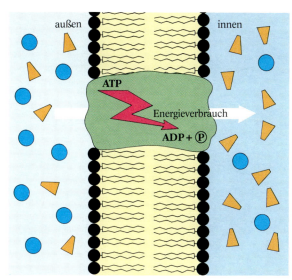

53.1. Aktiver Transport

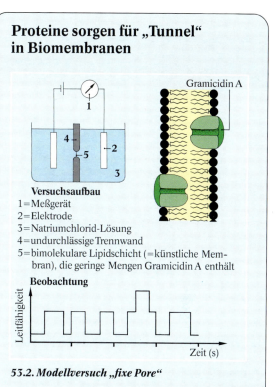

Proteine sorgen für „Tunnel" in Biomembranen

Versuchsaufbau
1 = Meßgerät
2 = Elektrode
3 = Natriumchlorid-Lösung
4 = undurchlässige Trennwand
5 = bimolekulare Lipidschicht (= künstliche Membran), die geringe Mengen Gramicidin A enthält

Beobachtung

53.2. Modellversuch „fixe Pore"

die Lipid-Doppelschicht hindurchreichen. Sie bilden **fixe Poren,** da die Stoffe ohne Diffusion des Translokators hindurchtreten können. Der Stofftransport verläuft bei allen Modellen in vier Schritten: 1) Die Bindung des Stoffes an den Translokator; 2) der eigentliche Transport (= Translokation); 3) die Freisetzung des Stoffes auf der anderen Membranseite und 4) die Rückführung des Translokators in die Ausgangssituation. Bei diesen Schritten spielen Konformationsänderungen der Transportproteine eine große Rolle.

Transportproteine transportieren die spezifischen Stoffe in Abhängigkeit vom Konzentrationsgefälle des jeweiligen Stoffes in beiden Richtungen durch die Membran. Für diesen **passiven Transport** wird keine zusätzliche Energie aus Stoffwechselvorgängen benötigt. Dies gilt ebenso für die freie Diffusion. Es gibt jedoch auch Transportvorgänge durch Biomembranen gegen ein Konzentrationsgefälle z.B. bei der Anreicherung von Stoffen in einer Zelle. Für diesen **aktiven Transport** wird Energie aus dem Stoffwechsel gebraucht.

Das strukturelle Gerüst einer Biomembran ist also die Lipid-Doppelschicht, in der Membranproteine frei beweglich sind. Jedes Zellkompartiment hat spezifische Arten von Membranproteinen.

Innerhalb einer Sekunde werden etwa 10^8 Na$^+$-Ionen durch eine erregte Nervenzellenmembran transportiert. Diese hohe Transportrate wird von mobilen Carriern nicht erreicht. Es gibt aber Ionophore, die **Poren** durch eine Membran bilden. Das Gramicidin A z.B. ist ein Polypeptid, das aus 15 meist hydrophoben Aminosäuren aufgebaut ist. Das Molekül bildet eine Spirale mit einer zentralen Pore von etwa 0,4 nm Durchmesser, durch die Alkali-Ionen gelangen können. Die Höhe eines Gramicidin A-Moleküls entspricht aber nur der einer monomolekularen Lipidschicht. Erst wenn sich zwei Gramicidin A-Ionophore übereinanderlagern und ein sogenanntes Dimer bilden, überbrückt der entstandene „Tunnel" die Lipid-Doppelschicht. Dann können bis zu 10^7 Ionen pro Sekunde die Membran passieren.

2. Mit dem Versuch in Abb. 53.2. kann Bildung und Zerfall von Gramicidin A-Dimeren nachgewiesen werden. Ohne Gramicidin A in der künstlichen Lipid-Doppelschicht fließt bei vorgegebener Spannung kein Strom.
Erläutern Sie die Leitfähigkeitsmessung, wenn die Membran geringe Mengen Gramicidin A enthält!

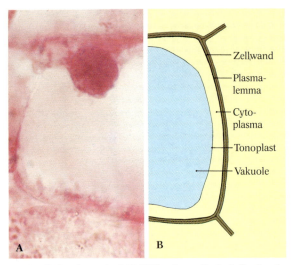

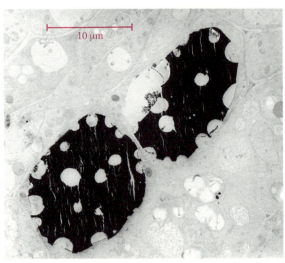

54.1. Vakuolen. *A LM-Bild einer Farbstoffvakuole; B Schema*

54.2. Gerbstoffvakuole in Kakaozellen. *EM-Bild; „Löcher" sind Purineinschlüsse, z. B. Theobromin*

4. Vakuolen – „Lagerstätten" für verschiedene Stoffe

Untersucht man lichtmikroskopisch die gefärbte Schuppenblattepidermis der Roten Küchenzwiebel, das gelbe Blütenblatt einer Schlüsselblume oder die rotvioletten Blätter des Rotkohls, stellt man fest, daß der Farbstoff im *Zellsaft* von Vakuolen liegt. **Vakuolen** sind charakteristische Zellbestandteile pflanzlicher Zellen. Elektronenoptisch erkennt man, daß sie von einer Membran, dem *Tonoplast,* umgeben sind. Welche Aufgaben haben Vakuolen in Pflanzenzellen?

Viele Pflanzen enthalten blaue bis rote Farbstoffe, die *Anthocyane,* sowie gelbe Farbstoffe, die *Flavone.* Solche Farbstoffe sind Stoffwechselprodukte, für die im Gegensatz zu den Nährstoffen innerhalb der Zelle kein unmittelbarer Bedarf besteht. Man spricht daher auch von *sekundären Pflanzenstoffen.* Vakuolen können als **Depot** für solche Inhaltsstoffe dienen. Viele Zellsaftfarbstoffe sind *Signalfarbstoffe* und tragen zur Erhaltung der Pflanzenart bei: Blütenfarbstoffe und Farbstoffe in Früchten dienen der Anlockung von Tieren und sorgen somit indirekt für Fortpflanzung und Verbreitung.

Unter den sekundären Pflanzenstoffen gibt es aber auch Verbindungen, die häufig für das Cytoplasma selbst giftig wirken. Da Pflanzen solche Stoffwechselprodukte nicht ausscheiden können, werden sie in Vakuolen angereichert oder *akkumuliert.* Damit ist oft auch ein Schutz vor Tierfraß verbunden. Zu diesen sekundären Pflanzenstoffen gehören z.B. *Glykoside* wie das Digitonin des Fingerhuts oder das Solanin in Kartoffelblättern und *Alkaloide* wie das Atropin der

Tollkirsche, das Morphin des Schlafmohns, das Nikotin der Tabakpflanze oder das Theobromin der Kakaopflanze. Vakuolen können Pflanzenzellen aber auch als vorübergehender **Reservestoffspeicher** dienen. So wird in Vakuolen der Knollenzellen von Korbblütlern z.B. das Polysaccharid Inulin gespeichert. Die Aleuronkörner im Nährgewebe von Getreidekörnern sind Vakuolen mit eingedicktem, zum Teil kristallinem Protein-Inhalt. Auch viele Rindenparenchymzellen in Wurzeln speichern vorübergehend Proteine in Vakuolen.

Teilungsfähige Zellen aus den Wurzelspitzen dagegen enthalten keine Vakuolen. Verfolgt man eine solche embryonale Zelle während des Streckungswachstums, kann man die Bildung von Vakuolen beobachten: Zu Beginn der Zellvergrößerung treten im Cytoplasma Vesikel auf, die vom ER oder auch von Dictyosomen gebildet werden können. Die Vesikel vergrößern sich zu kleinen Vakuolen, die während der Zelldifferenzierung verschmelzen. So entsteht letztlich eine nahezu den gesamten Zelleib ausfüllende *Zentralvakuole.* Infolge zahlreicher gelöster Stoffe im Zellsaft, haben die Vakuolen einen hohen osmotischen Wert. Sie dienen daher auch für die Aufrechterhaltung des Spannungszustandes der Zelle, des Turgors.

1. Fertigen Sie ein Frischpräparat (s. Abb. 8.3.) eines Flächenschnittes der rotgefärbten Blattunterseite von Rhoeo an und mikroskopieren Sie.

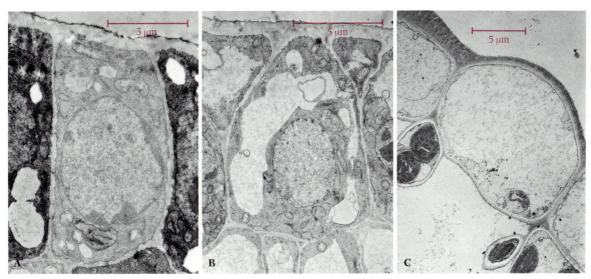

55.1. Vakuolenbildung *(EM-Bilder)*

2. *Manche Pflanzen lagern in ihren Vakuolen überschüssige Oxalsäure in Form von Calciumoxalat-Kristallen ab. Fertigen Sie ein Frischpräparat (siehe Abb. 8.3.) eines Längsschnittes durch den Blattstiel einer Begonie an. Mikroskopieren Sie den Randbereich des Rindenparenchyms.*

3. *Mit dem Farbstoff Neutralrot (NR) kann man Vakuolen in lebenden Zellen anfärben (= Vitalfärbung). In saurer Lösung kommt es zur Addition von H^+-Ionen an die lipophilen NR-Moleküle und damit zur Bildung von NRH^+-Ionen. Eine saure NR-Lösung ist kirschrot gefärbt, eine neutrale dagegen braunrot.*
Legen Sie ein farbloses Stückchen einer Zwiebel-Schuppenepidermis (= Zwiebelhäutchen) für etwa 15 Minuten in einen Tropfen neutraler NR-Lösung. Fertigen Sie ein Präparat nach Abb. 8.3. an und mikroskopieren Sie.
a) Erläutern Sie Ihre Beobachtung der Vakuolenfärbung.
b) Wie können Sie zeigen, daß die Zellen nach der Färbung noch intakt sind?
c) Der Farbstoff kann aus den Vakuolen nicht austreten. Begründen Sie diese Erscheinung. Wie können Sie experimentell Ihre Begründung bestätigen?

4. *Beschreiben Sie die Vakuolenentwicklung in der Abb. 55.2. und vergleichen Sie diese mit der Abb. 55.1.*

5. *Fertigen Sie ein Quetschpräparat (s. Abb. 8.3.) eines Wurzelspitzenbereichs von Getreide-Keimlingen an. Führen Sie eine Vitalfärbung nach 3. durch. Spülen Sie die Objekte mit Leitungswasser ab. Mikroskopieren Sie und fertigen Sie Zeichnungen zur Vakuolenentwicklung an.*

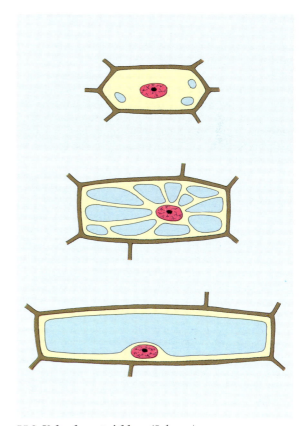

55.2. Vakuolenentwicklung *(Schema)*

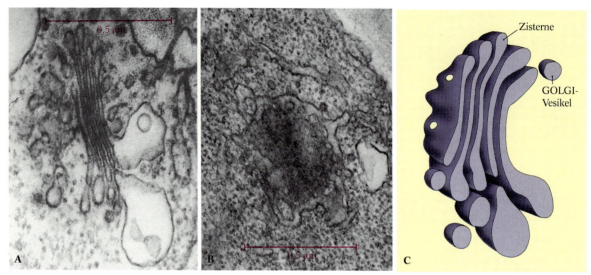

56.1. Dictyosom. *A EM-Bild (Querschnitt); B EM-Bild (Flachschnitt); C Schema (räumlich)*

5. Dictyosomen bilden den GOLGI-Apparat

Im Jahre 1898 untersuchte der Italiener C. GOLGI licht-mikroskopisch Nervenzellen, die er zuvor mit einer Sil-bersalz-Lösung behandelt hatte. Dabei entdeckte er stark angefärbte, netzartige Strukturen, die er als „ap-parato reticulae interno" bezeichnete. Einen solchen Zellbestandteil hatte man zuvor noch nie beobachtet. Auch nach der Beschreibung durch GOLGI waren ver-gleichbare Strukturen in lebenden Zellen lichtmikro-skopisch nicht zu finden. Konnte es sich bei dem „GOLGI-Apparat" um einen präparationsbedingten Ar-tefakt handeln?

Mit Hilfe der Elektronenmikroskopie konnte der „GOLGI-Apparat" als ein typischer Zellbestandteil eu-karyontischer Zellen bestimmt werden. Danach setzt er sich aus Membranstapeln zusammen. Jeder Stapel hat eine Höhe von 0,1 bis 0,5 μm und einen Durchmes-ser von 1 bis 3 μm. Einen einzelnen Membranstapel be-zeichnet man als **Dictyosom**. Die Gesamtheit aller Dic-tyosomen einer Zelle nennt man **GOLGI-Apparat.**

Bei näherer Betrachtung besteht jedes Dictyosom aus einem Stapel flacher, membranumgrenzter Hohl-räume, den *GOLGI-Zisternen*. Je nach seiner Lage in der Schnittebene zeigt das Dictyosom ein typisches Bild: Im Querschnitt (Abbildung 56.1.A) erkennt man eine unterschiedliche Weite der Zisternen sowie eine leichte Biegung des gesamten Stapels. Im mittleren Be-reich sind die Membranzisternen enger als am Rand-bereich. Hier sind sie aufgebläht und zeigen abge-schnürte Bläschen, die man **GOLGI-Vesikel** nennt. Im Flachschnitt (Abbildung 56.1.B) sieht man die Zisterne

in der Aufsicht mit netzartig durchbrochenen Randbe-reichen und abgeschnürten GOLGI-Vesikeln. Dictyoso-men können offenbar durch Teilung auseinander her-vorgehen oder aber auch aus dem ER neu gebildet wer-den.

Untersuchungen an pflanzlichen Zellen haben erge-ben, daß Dictyosomen an der Zellwandbildung betei-ligt sind: Während der Zellteilung entsteht durch Ver-schmelzung von GOLGI-Vesikeln, die mit Zellwand-substanz angereichert sind, in der Äquatorialebene der Zelle die Primordialwand. Solche Stoffe, die von der Zelle gebildet und abgeschieden werden, heißen *Se-krete*. So sind Dictyosomen an der Bildung und dem Transport von Sekreten in pflanzlichen und in tieri-schen Zellen beteiligt.

1. Im Dünndarmepithel von Wirbeltieren liegen Drüsen-zellen, die Becherzellen (Abb. 11.1.C). Sie produzieren ei-nen Schleim aus Glykoproteinen, der die Oberfläche der Epithelzelle überzieht und schützt. Die Bildung dieses Se-krets erfolgt in verschiedenen Schritten. In den Dictyoso-men findet die Endsynthese statt. Es werden GOLGI-Vesikel mit dem Sekret gebildet und abgeschnürt. Die Freisetzung des Sekrets erfolgt durch Exocytose.
Fertigen Sie ein Schema zur Sekretion einer Becherzelle an.

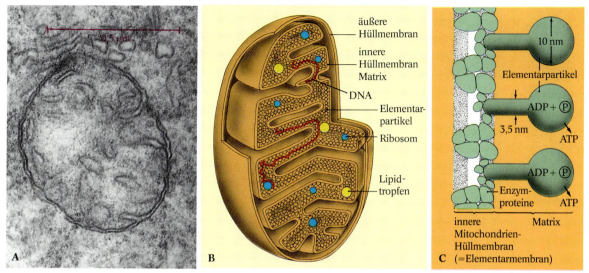

57.1. Mitochondrium. *A EM-Bild; B Schema (räumlich); C Elementarpartikel*

6. Mitochondrien – „Kraftwerke" in der Zelle

Vergleicht man die EM-Bilder einer Muskelzelle und einer Mundschleimhautzelle, so fallen sofort die unterschiedliche Größe und Anzahl von Mitochondrien auf. Die Muskelzelle enthält im Gegensatz zur Epithelzelle besonders große und zahlreiche, dicht an dicht zwischen Myofibrillen liegende Mitochondrien. Myofibrillen bewirken die Muskelkontraktion. Dies geschieht nur unter Energiezufuhr. Sind Mitochondrien für die Energiezufuhr verantwortlich?

Betrachten wir den Feinbau der Mitochondrien in den beiden Zelltypen genauer: Mitochondrien sind langgestreckte, formvariable Zellbestandteile im Größenbereich von Bakterienzellen. Jedes Mitochondrium wird von zwei Membranen begrenzt. Zwischen der *äußeren* und der *inneren Mitochondrienmembran* liegt ein etwa 10 nm breiter Zwischenraum. Durch diese *Doppelmembran* wird gegenüber dem Cytoplasma eine doppelte Kompartimentierung geschaffen: das nicht-plasmatische Kompartiment zwischen den beiden Membranen und das plasmatische Kompartiment innerhalb der inneren Membran, die *Matrix*. Die innere Membran bildet Einstülpungen in die Matrix hinein. Diese *Cristae* können flächig, röhrenförmig oder unregelmäßig ausgebildet sein. Durch die Cristae wird die Oberfläche der inneren Membran stark vergrößert. Die Mitochondrien in den besonders stoffwechselaktiven Muskelzellen enthalten nun im Gegensatz zu den Mitochondrien in den Epithelzellen eine große Zahl dichtgepackter Cristae. Jede Zelle benötigt zur Aufrechterhaltung ihres Stoffwechsels Energie, die sie bei der Zellatmung freisetzt. Die Energie wird dabei zunächst in Form einer chemischen Substanz, des *ATP* (= Adenosintriphosphat), gespeichert. Biochemische Untersuchungen an isolierten Mitochondrien haben nun ergeben, daß sie alle Enzyme für die Zellatmung enthalten. Wie man weiter herausgefunden hat, sind diese Enzyme an die innere Mitochondrienmembran gebunden. Elektronenmikroskopische Untersuchungen unterstützten die biochemischen Befunde: Die innere Mitochondrienmembran enthält auf der matrixzugewandten Fläche gestielte Partikel mit einem Durchmesser von ca. 10 nm. An diesen *Elementarpartikeln* findet im Verlauf der Zellatmung die ATP-Bildung statt. In den Mitochondrien läuft also die Energieumwandlung ab. Sie werden daher zu Recht als „Kraftwerke" in der Zelle bezeichnet.

1. Zeichnen Sie nach den Angaben des Textes auf dieser Seite ein EM-Schema eines Mitochondriums aus einer Muskelzelle.

2. Mitochondrien können durch Vitalfärbung lichtmikroskopisch sichtbar gemacht werden.
Legen Sie ein Stück der Epidermis einer Zwiebelschuppe für etwa 30 Minuten in ein abgedecktes Blockschälchen mit Rhodamin-B-Lösung. Stellen Sie ein Präparat nach Abb. 8.3. her und mikroskopieren Sie.

Die Rollen von ATP und NAD⁺

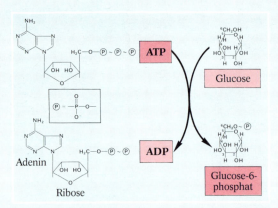

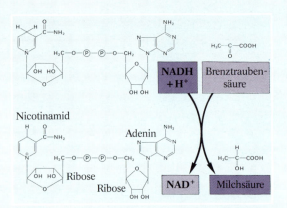

58.1. Energieübertragung durch ATP. *Energie wird in der Zelle in Form von* Adenosintriphosphat (ATP) *gespeichert und transportiert. Ein ATP-Molekül besteht aus der organischen Base Adenin, dem Zucker Ribose sowie drei Phosphatgruppen. Zwei Phosphatgruppen lassen sich aufgrund der Ladungsverhältnisse leicht unter Energiefreisetzung abspalten. Eine solche „energiereiche" Bindung kennzeichnet man mit dem Symbol ~*Ⓟ.

58.2. Wasserstofftransport durch das Coenzym NAD⁺. *In der Zelle wird bei verschiedenen Stoffwechselvorgängen Wasserstoff übertragen. Häufig wird diese Aufgabe vom Nicotinamid-adenin-dinucleotid (NAD⁺) übernommen. Dabei wird der Wasserstoff locker an das NAD⁺ gebunden zu NADH: NAD⁺ + 2 (H⁺ + e⁻) → NADH + H⁺. Dieses NADH kann den Wasserstoff bei Bedarf auf andere Moleküle übertragen.*

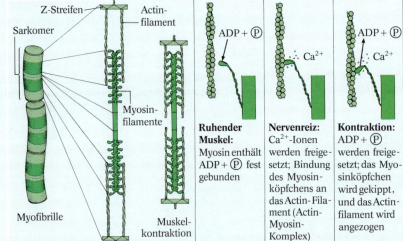

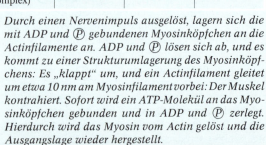

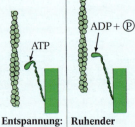

Ruhender Muskel: Myosin enthält ADP + Ⓟ fest gebunden

Nervenreiz: Ca²⁺-Ionen werden freigesetzt; Bindung des Myosinköpfchens an die Actin-Filament (Actin-Myosin-Komplex)

Kontraktion: ADP + Ⓟ werden freigesetzt; das Myosinköpfchen wird gekippt, und das Actinfilament wird angezogen

Entspannung: Myosinköpfchen bindet ATP, wodurch es vom Actinfilament gelöst wird

Ruhender Muskel: ATP im Myosinköpfchen hydrolisiert zu ADP + Ⓟ

58.3. Mechanismus der Muskelkontraktion. *Die Fibrillen in Muskelzellen (S. 11), die Myofibrillen, sind quergestreift. Den Abschnitt zwischen zwei Streifen, den Z-Streifen, nennt man Sarkomer. Es setzt sich aus Filamenten zusammen, die aus vielen Proteinmolekülen Myosin und Actin bestehen. Ein Myosinmolekül ist langgestreckt mit einer köpfchenartigen Erweiterung an einem Ende. Dieses Myosinköpfchen wirkt wie ein Enzym, das ATP spalten kann. Die Myosinfilamenten sind von dünneren Actinfilamenten umgeben.*

Durch einen Nervenimpuls ausgelöst, lagern sich die mit ADP und Ⓟ gebundenen Myosinköpfchen an die Actinfilamente an. ADP und Ⓟ lösen sich ab, und es kommt zu einer Strukturumlagerung des Myosinköpfchens: Es „klappt" um, und ein Actinfilament gleitet um etwa 10 nm am Myosinfilament vorbei: Der Muskel kontrahiert. Sofort wird ein ATP-Molekül an das Myosinköpfchen gebunden und in ADP und Ⓟ zerlegt. Hierdurch wird das Myosin vom Actin gelöst und die Ausgangslage wieder hergestellt.

Biochemie der Atmung

ATP wird in der Zelle durch energiefreisetzende Prozesse aus ADP und P aufgebaut. Ein solcher Vorgang ist der Glucoseabbau bei der **Zellatmung.** Summarisch läßt er sich in folgendem Reaktionssymbol darstellen:

$$C_6H_{12}O_6 + 6O_2 \rightarrow 6CO_2 + 6H_2O.$$

Durch Markierungen mit dem Sauerstoffisotop ^{18}O konnte gezeigt werden, daß der Sauerstoff ($6O_2$) ausschließlich zur Wasserbildung umgesetzt wird:

$$C_6H_{12}O_6 + 6^{18}O_2 + 6H_2O \rightarrow 6CO_2 + 12H_2{}^{18}O.$$

Biochemische Analysen haben weiterhin ergeben, daß der Abbau der Glucose in mehreren Schritten erfolgt. Zunächst läuft im Cytoplasma die **Glycolyse** ab. Dabei wird ein Glucosemolekül ($= C_6$-Molekül) über mehrere Schritte enzymatisch in zwei Moleküle Brenztraubensäure ($= C_3$-Molekül) zerlegt. Der weitere Abbau der C_3-Moleküle findet in den Mitochondrien statt. In deren Matrix wird jeweils ein Molekül Brenztraubensäure in Kohlenstoffdioxid (CO_2) und Essigsäure ($= C_2$-Molekül) gespalten. Im Verlaufe dieser **oxidativen Decarboxylierung** ($=$ Abspaltung von CO_2) wird die Essigsäure durch Reaktion mit dem Coenzym A in eine reaktionsfähige Verbindung überführt, dem Acetyl-CoA oder der aktivierten Essigsäure. Das Acetyl-CoA reagiert dann mit Oxalessigsäure ($= C_4$-Molekül) zu Citronensäure ($= C_6$-Molekül).
In einem Kreisprozeß, dem **Citronensäurezyklus,** wird die Citronensäure um zwei C-Atome gekürzt, die als CO_2 den Zyklus verlassen. Pro Molekül Brenztraubensäure entstehen 4 $NADH + H^+$ und ein Molekül $FADH_2$ ($=$ Flavinadenindinucleotid).
Der an die Coenzyme gebundene Wasserstoff reagiert in der **Atmungskette** mit Sauerstoff zu Wasser. Der hierbei erfolgende Elektronentransport läuft an den Elementarpartikeln der Mitochondrienmembran ab. Die Elektronen werden schrittweise über hintereinandergeschaltete Coenzyme übertragen. Die dabei freiwerdende Energie wird zur Phosphorylierung von ADP und ATP verwendet. Jedes $NADH + H^+$ liefert 3 Moleküle ATP und jedes $FADH_2$-Molekül 2 Moleküle ATP.

3. Berechnen Sie den Gesamtgewinn an ATP beim Abbau eines Glucosemoleküls. Verwenden Sie GTP ($=$ Guanosintriphosphat) als ATP.

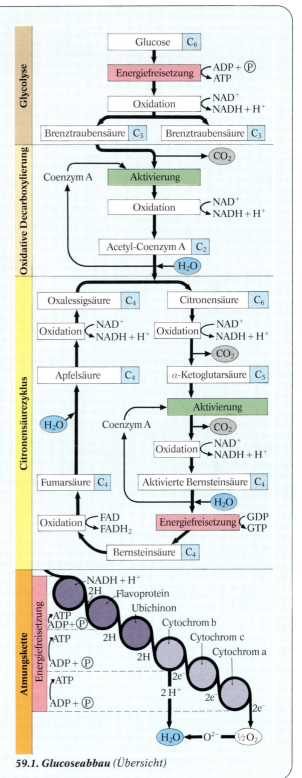

59.1. Glucoseabbau *(Übersicht)*

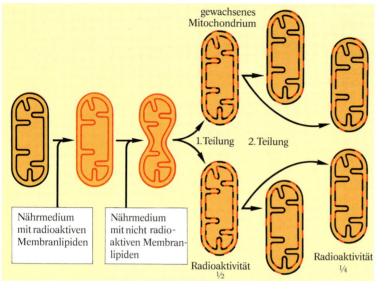

60.1. Vermehrung von Mitochondrien. *Sie erfolgt z. B. nach einer Zellteilung offenbar durch Zweiteilung. Dafür spricht der folgende Versuch: Ein Stamm des Schimmelpilzes Neurospora kann ein bestimmtes Membranlipid nicht bilden. Es muß ihm zum Wachstum im Nährmedium zugesetzt werden. Dieses Lipid wurde radioaktiv markiert und somit auch in die Membran der Mitochondrien eingebaut. Nach einer kurzen Wachstumszeit übertrug man die Pilzzellen in ein Nährmedium mit unmarkiertem Lipid. In bestimmten Zeitabständen wurden dann Mitochondrien entnommen und die Verteilung der Radioaktivität gemessen. Man stellte fest: Je größer die Zahl der Mitochondrien wurde, desto schwächer war die Radioaktivität eines jeden einzelnen Mitochondriums.*

Energiegewinnung ohne Mitochondrien

Zuckerhaltige Flüssigkeiten wie z.B. Fruchtsäfte beginnen zu gären, wenn man sie einige Zeit unter Luftabschluß bei Zimmertemperatur stehen läßt. Ursache hierfür sind einzellige Hefepilze. Sie produzieren Kohlenstoffdioxid und Ethanol. Dabei wird Energie frei. Einen solchen Vorgang der Energiefreisetzung unter Sauerstoffabschluß bezeichnet man als **Gärung.** Bei der **alkoholischen Gärung** können die Hefezellen aufgrund des Sauerstoffmangels die Glucose nicht wie bei der Zellatmung über den Citronensäurezyklus und über die Atmungskette abbauen. Unter solchen sauerstofffreien (=anaeroben) Bedingungen wird die Glucose in der Glycolyse bis zur Brenztraubensäure zerlegt. Dabei entstehen pro Glucosemolekül zwei Moleküle ATP und zwei $NADH+H^+$. Das $NADH+H^+$ verwendet die Hefezelle nun zum Abbau der Brenztraubensäure. Unter Abgabe von Kohlenstoffdioxid entsteht über Acetaldehyd (=Ethanal) Ethanol.

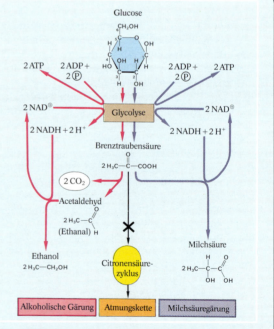

60.2. Gärungen

4. Frische Milch wird nach längerem Stehen durch Bildung von Milchsäure sauer. Für diese Milchsäuregärung sind Milchsäurebakterien verantwortlich. Beschreiben Sie die Milchsäuregärung anhand der Abb. 60.2.

5. Hefezellen verbrauchen unter aeroben Bedingungen weniger Glucose als unter anaeroben. Erläutern Sie diesen von PASTEUR beobachteten Effekt.

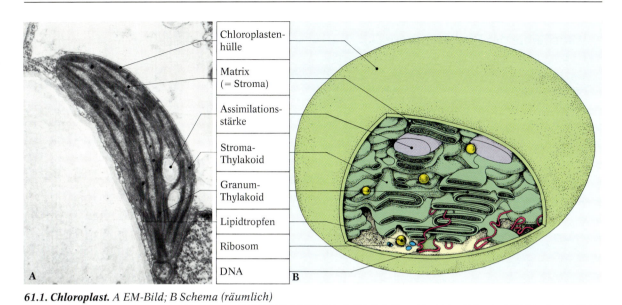

61.1. Chloroplast. A EM-Bild; B Schema (räumlich)

Chloroplasten-
hülle

Matrix
(= Stroma)

Assimilations-
stärke

Stroma-
Thylakoid

Granum-
Thylakoid

Lipidtropfen

Ribosom

DNA

A   B

7. Chloroplasten – Orte der Photosynthese

Sproß- und Wurzelmeristemzellen enthalten Zellbestandteile, die wie bei den Mitochondrien von einer
Doppelmembran umhüllt sind. Es sind farblose **Plastiden.** In meristematischen Zellen bezeichnet man sie
als **Proplastiden.** Sie enthalten in ihrer Matrix, dem
Stroma, nur wenige Membranstrukturen. In grünen
Pflanzenteilen dagegen findet man grüne **Chloroplasten** mit zahlreichen Membranstrukturen. Entwickeln
sich Chloroplasten aus Proplastiden?
Die Differenzierung einer Sproßmeristemzelle zu einer
Blattzelle z.B. umfaßt auch eine *Differenzierung* der
Proplastiden. Durch Einwirkung von Licht kommt es
zu Einstülpungen der inneren Hüllmembran. Diese ins
Stroma reichenden, flachen Membranzisternen heißen **Thylakoide.** An verschiedenen Stellen kommt es
zu Übereinanderschichtungen. Solche geldrollenartig
dicht gestapelten Thylakoidbereiche nennt man
Grana. Biochemische Analysen ergaben, daß sich
etwa ein Viertel der Thylakoidmembranlipide aus den
Farbstoffen *Chlorophyll* und *Carotin* zusammenset-
zen. Diese Farbstoffe absorbieren Licht bestimmter
Wellenlänge. In den Thylakoidmembranen läuft dann
mit Lichtenergie der fundamentale Vorgang für das Leben auf diesem Planeten ab, die **Photosynthese.** Dabei
werden einerseits organische Stoffe aus anorganischen
aufgebaut, andererseits wird Sauerstoff produziert. Die
organischen Stoffe können als *Stärke* im Stroma gelagert werden. Neben *Lipidtröpfchen* liegen hier auch
mehrere ringförmige, plastidenspezifische *DNA-Moleküle.*

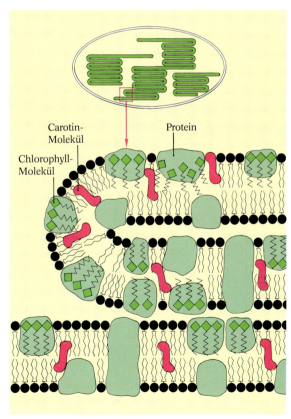

Carotin-
Molekül

Protein

Chlorophyll-
Molekül

61.2. Feinbau der Thylakoidmembran

Biochemie der Photosynthese (1)

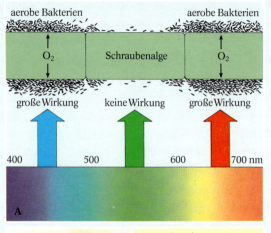

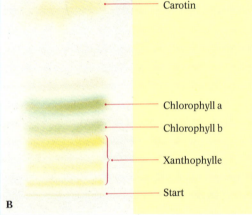

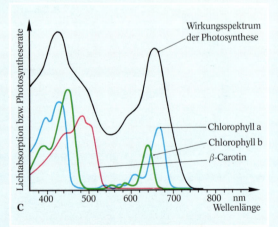

62.1. Untersuchungen zur Photosynthese. A ENGEL-MANN-Versuch; B Chromatogramm einer Blattchlorophyll-Lösung; C Absorptions- und Wirkungsspektrum

Summarisch läßt sich die Photosynthese durch folgendes Reaktionssymbol darstellen:

$$6CO_2 + 12H_2O \xrightarrow{Licht} C_6H_{12}O_6 + 6O_2 + 6H_2O.$$

Zur Aufklärung dieses Prozesses haben viele Untersuchungen beigetragen. ENGELMANN führte 1881 folgenden Versuch durch: Er beleuchtete die Fadenalge Spirogyra in einer Aufschwemmung von sauerstoffliebenden Bakterien mit Sonnenlicht, das er über ein Prisma in die Spektralfarben zerlegte. Mit dem Mikroskop beobachtete er, daß sich die Bakterien nur an den blau und rot belichteten Stellen der Alge ansammelten. Hier war die Sauerstoffentwicklung und damit die *Photosyntheseaktivität* am größten. Man vermutete, daß mehrere Farbstoffe an der Lichtaufnahme (=Absorption) beteiligt sind. Chromatographische Analysen bestätigten dies: Hauptbestandteile des Chlorophyll-Farbstoffgemisches sind das blaugrüne *Chlorophyll a*, das gelbgrüne *Chlorophyll b* und orangefarbene *Carotinoide*.

Mit Hilfe eines Spektralphotometers kann man den Grad der Absorption in Abhängigkeit von der Wellenlänge des Lichtes messen. Ein solches **Absorptionsspektrum** zeigt, daß die Absorptionsmaxima der Chlorophyllarten im roten und blauen Bereich liegen. Hier ist auch die Photosyntheseleistung sehr hoch. Dies wird im **Wirkungsspektrum** deutlich, das den Zusammenhang zwischen der Wellenlänge des eingestrahlten Lichtes und der Photosyntheseleistung wiedergibt.

In der Thylakoidmembran bilden mehrere Farbstoff-Moleküle eine *photosynthetische Einheit*. Nur eines der Chlorophyll-a-Moleküle ist photochemisch aktiv. Alle anderen Moleküle dieser Einheit übertragen die absorbierte Lichtenergie auf dieses eine an Protein gebundene Chlorophyll-a-Molekül.

Bei der Photosynthese wirken stets zwei Einheiten zusammen. Eine Einheit enthält ein aktives Molekül einer Chlorophyll-a-Proteinverbindung (Chlorophyll a_I), die bei 700 nm absorbiert. Man spricht vom **Photosystem I.**

Das **Photosystem II** enthält ein aktives Molekül einer Chlorophyll-a-Proteinverbindung (Chlorophyll a_{II}), die bei 682 nm absorbiert. Beide Photosysteme sind hintereinandergeschaltet. In jedem Chloroplasten liegen über eine Million solcher Systeme.

Biochemie der Photosynthese (2)

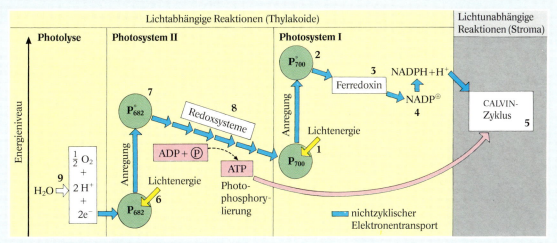

63.1. *Lichtreaktionen bei der Photosynthese*

Wird z.B. Lichtenergie vom Photosystem II absorbiert, werden zwei Elektronen im Chlorophyll a_{II} auf ein höheres Energieniveau gehoben und auf ein Redoxsystem übertragen. Über eine Kette von Redoxsystemen gelangt das Elektron dann sozusagen „bergab" auf das niedrigere Energieniveau des Chlorophyll a_I. Dabei wird Energie frei, die zur Bildung von ATP verwendet wird (Photophosphorylierung). Im Chlorophyll a_I war es zuvor durch Lichtabsorption zu einer Elektronenlücke gekommen, die nun geschlossen wird. Die Elektronenlücke im Photosystem II wird durch Elektronen aus der Zerlegung eines Wassermoleküls gefüllt. Bei dieser **Photolyse** des Wassers entstehen Sauerstoff

und Wasserstoffionen (H^+). Die H^+-Ionen reagieren mit $NADP^+$ zu $NADPH + H^+$. Für diese Reduktion werden die Elektronen verwendet, die durch Lichtabsorption im Chlorophyll a_I auf ein höheres Energieniveau gehoben worden waren.

Bei den lichtabhängigen Reaktionen in den Thylakoidmembranen werden also NADPH und ATP gebildet. Mit ihrer Hilfe wird in einem lichtunabhängigen Kreisprozeß, dem **CALVIN-Zyklus,** im Stroma der Chloroplasten das CO_2 in eine organische Verbindung (Ribulose-1,5-diphosphat) eingebaut. Diese wird über verschiedene Zwischenstufen letztlich zu Glucose reduziert.

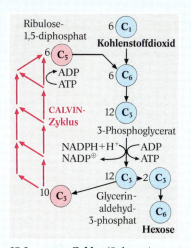

63.2. *CALVIN-Zyklus (Schema)*

63.3. *Gesamtbilanz der Photosynthese*

Photolyse	$12 H_2O \xrightarrow[\text{energie}]{\text{Licht-}} 6 O_2\uparrow + 24 H^+ + 24 e^-$
Bildung des Reduktionsmittels	$12 NADP^\oplus + 24 H^+ + 24 e^- \xrightarrow[\text{energie}]{\text{Licht-}} 12 NADPH + 12 H^+$
Photo-phosphorylierungen	$18 ADP + 18 \textcircled{P} \xrightarrow[\text{energie}]{\text{Licht-}} 18 ATP$
Lichtabhängige Reaktionen (gesamt)	$12 H_2O + 12 NADP^\oplus + 18 ADP + 18 \textcircled{P}$ $\xrightarrow[\text{energie}]{\text{Licht-}} 6 O_2\uparrow + 12 NADPH + 12 H^+ + 18 ATP$
Lichtunabhängige Reaktionen (gesamt)	$6 CO_2 + 12 NADPH + 12 H^+ + 18 ATP$ $\longrightarrow C_6H_{12}O_6 + 12 NADP^\oplus + 18 ADP + 18 \textcircled{P} + 6 H_2O$
Gesamtreaktion	$12 H_2O + 6 CO_2 \xrightarrow[\text{energie}]{\text{Licht-}} C_6H_{12}O_6 + 6 O_2\uparrow + 6 H_2O$

Bau und Funktion des Laubblattes

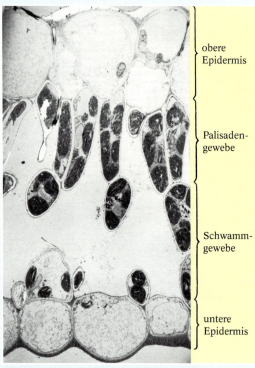

obere
Epidermis

Palisaden-
gewebe

Schwamm-
gewebe

untere
Epidermis

64.1. Laubblatt – Querschnitt (EM-Bild)

Grüne Laubblätter sind besonders gut zur Durchführung der Photosynthese eingerichtet. An einem Blattquerschnitt lassen sich mit dem Mikroskop mehrere Gewebearten unterscheiden: Die obere und untere **Epidermis** schließen das Blatt nach außen ab. Die Zellen dieses Abschlußgewebes sind meist in einer Schicht angeordnet und enthalten häufig keine Chloroplasten. Die Epidermiszellen zeigen verdickte Außenwände, die von einer wachsartigen Schicht, der **Cuticula,** überzogen sind. Neben einer Schutzfunktion übernimmt die obere Epidermis zusätzlich die Aufgabe der Bündelung des Sonnenlichtes auf das Blattinnere. Das auf die obere Epidermis folgende **Palisadengewebe** besteht aus länglichen, chloroplastenreichen Zellen, die damit photosynthetisch besonders aktiv sind. Für den bei der Photosynthese notwendigen Gasaustausch sorgt das lockere, viele Zwischenzellräume (Interzellularen) enthaltende, **Schwammgewebe.** Über die in der unteren Epidermis liegenden Spaltöffnungen wird der Gasaustausch reguliert. So wird auch Wasserdampf abgegeben. Diesen Verdunstungsvorgang nennt man **Transpiration.** Hierdurch wird einerseits ständig Wasser aus der Wurzel nachgesaugt, andererseits verhindert die Kühlwirkung eine Überhitzung sonnenbestrahlter Blattflächen.

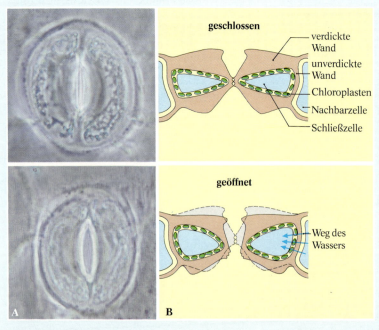

geschlossen

verdickte
Wand
unverdickte
Wand
Chloroplasten
Nachbarzelle
Schließzelle

geöffnet

Weg des
Wassers

A   B

64.2. Spaltöffnungsapparat. A Bau (LM-Bild, Aufsicht); B Bewegung (Schema, Querschnitt). Ein Spaltöffnungsapparat besteht aus zwei chloroplastenhaltigen, bohnenförmigen Schließzellen. Zwischen ihnen befindet sich ein Spalt. Die dem Spalt zugekehrten Zellwände sind verdickt. Die Spaltöffnungsbewegung ist auf Veränderungen des Turgors in den Schließzellen zurückzuführen: Der osmotische Wert der Schließzellen erhöht sich bei Belichtung, indem K^+-Ionen aus den Nachbarzellen in die Schließzellen gelangen. Infolgedessen strömt Wasser osmotisch nach, der Turgor erhöht sich, die nicht verdickte Rückenwand wölbt sich und zieht die Bauchwand nach: Der Spalt öffnet sich.

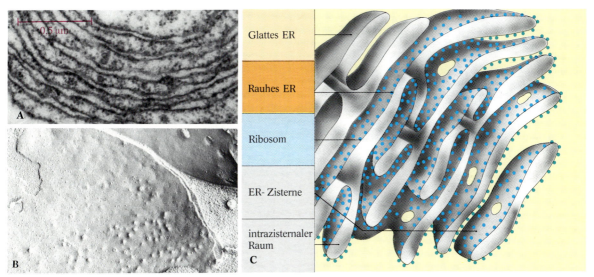

65.1. Endoplasmatisches Retikulum (ER). *A EM-Bild; B EM-Bild (Gefrierätzung); C Schema*

8. Das Endoplasmatische Retikulum – ein „Transportsystem" in der Zelle

Im Jahre 1899 beschrieb GARNIER in Sekretzellen der Bauchspeicheldrüse anfärbbare Bereiche, die er als **Ergastoplasma** bezeichnete. Auch in anderen besonders stoffwechselaktiven Zellen wurden in der Folgezeit solche Bereiche gefunden. Erst mit dem Elektronenmikroskop war es möglich, diese Strukturen als ein „innerplasmatisches Netzwerk" von Membranen zu identifizieren. Man nannte es **Endoplasmatisches Retikulum (ER).**

Das ER ist ein Membransystem von untereinander verbundenen, flachen, röhren- und bläschenförmigen *Zisternen.* Das ER tritt in zwei Formen auf. Das **rauhe ER** trägt auf seinen Membranflächen kleine, etwa 20 nm große Partikel. Es sind **Ribosomen.** Ribosomenfreie ER-Zisternen bilden das **glatte ER.** Die Sekretzellen der Bauspeicheldrüse z.B. besitzen ein gut entwikkeltes rauhes ER. Stoffwechselaktive Zellen benötigen viele Eiweißstoffe. Untersuchungen haben ergeben, daß die *Eiweißsynthese* an den Ribosomen des rauhen ER abläuft. Die dort gebildeten Eiweißmoleküle gelangen in die Zisternen und können nun wie in einem „Kanalsystem" ungehindert *transportiert* werden. An ER-Membranflächen sowie in ER-Membranen können Enzyme gebunden sein. So ist das ER z.B. der *Syntheseort* für viele Lipide und der Ort für weitere Stoffumwandlungsprozesse. Am ER von Pflanzenzellen aber auch von tierischen Zellen werden körperfremde Stoffe wie Vernichtungsmittel (z.B. Herbizide, Insektizide) oder Arzneimittel umgewandelt und unschädlich gemacht.

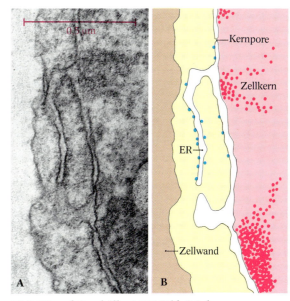

65.2. ER und Kernhülle. *A EM-Bild; B Schema*

1. Die Kernhülle ist eine besondere Ausbildung des ER. Gelegentlich sieht man eine Verbindung der äußeren Kernhüllmembran mit einer ER-Zisterne (Abb. 65.2.).
Welche Bedeutung mag die Beteiligung von ER-Zisternen an der Bildung der Kernhülle haben? Denken Sie dabei auch an Vorgänge bei der Zellteilung.

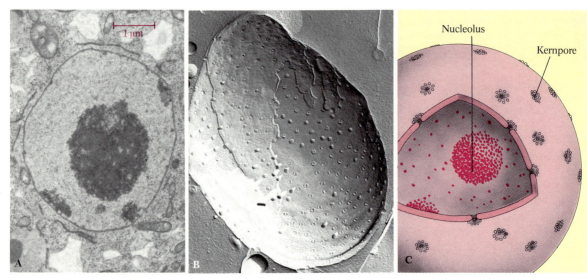

66.1. Nucleus. *A EM-Bild; B EM-Bild (Gefrierätzung); C Schema (räumlich)*

9. Der Zellkern – „Steuerungszentrale" und Träger des Erbguts

Jede eukaryontische Zelle enthält einen Zellkern oder *Nucleus*. Der häufig kugelförmige Nucleus ist der größte Zellbestandteil in einer Zelle. Bereits lichtmikroskopisch grenzt er sich deutlich vom umgebenden Cytoplasma ab. Die begrenzende **Kernhülle** ist elektronenoptisch eine Membranzisterne, die vom Endoplasmatischen Retikulum gebildet wird. Die Kernhülle zeichnet sich durch den Besitz von **Kernporen** aus. Durch diese Kernporen können Makromoleküle zwischen dem Cytoplasma und dem Inneren des Zellkerns, dem **Karyoplasma,** ausgetauscht werden. Das Karyoplasma ist frei von Membranen. Es enthält Struktur- und Enzymproteine sowie die Kernsäuren DNA (=Desoxyribonucleinsäure) und RNA (=Ribonucleinsäure). Die DNA-Bereiche lassen sich anfärben und sind dann bereits lichtoptisch als *Chromatin* zu erkennen. Besonders stark anfärbbare Einschlüsse des Karyoplasmas sind die **Kernkörperchen** oder *Nucleolen*. Sie besitzen einen hohen RNA-Gehalt und sind an der Bildung und Speicherung der cytoplasmatischen Ribosomen beteiligt.

Zellkerne können sich teilen. Eine Kernteilung läuft meist vor einer Zellteilung ab, so daß jede Tochterzelle einen Zellkern erhält. Zellen, die ihren Zellkern verlieren, sterben ab. Welche Bedeutung hat der Zellkern für eine Zelle?
Aufschluß hierüber geben verschiedene Experimente, in denen man Zellabschnitte überträgt (Transplantationsexperimente): Die im Mittelmeer vorkommende Grünalge Acetabularia besteht aus einer einzigen, mehrere Zentimeter großen Zelle. Sie ist in einen gekammerten Schirm, einen Stiel und ein wurzelartiges Gebilde, das Rhizoid, gegliedert. Im Rhizoidbereich liegt der große Zellkern. Es gibt verschiedene Acetabularia-Arten, die sich vor allem in der Schirmform unterscheiden. Pfropft man nun den kernlosen Stiel einer Acetabularia-Art auf den kernhaltigen Rhizoid-Bereich einer zweiten Acetabularia-Art, so wird ein Schirm ausgebildet mit der Form der zweiten Art.

Der Zellkern steuert also die Vorgänge zur Ausbildung eines Merkmals wie hier der Schirmform. Diese **Steuerungsfunktion** des Zellkerns wurde durch zahlreiche andere Transplantationsexperimente sowie biochemische Analysen bestätigt. Andererseits muß der Zellkern auch die Information zur Merkmalsausbildung enthalten. In Zellkern-Transplantationsexperimenten an Krallenfröschen konnte gezeigt werden, daß der Zellkern Träger der gesamten **Erbinformation** eines Lebewesens ist.

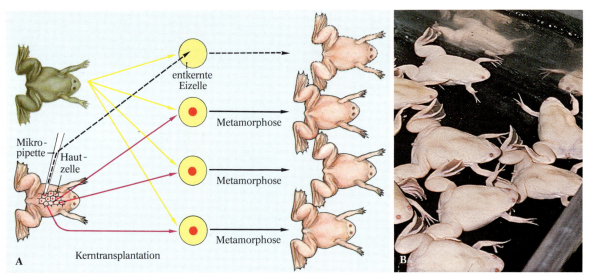

67.1. Kerntransplantation beim Krallenfrosch. *A Versuchsdurchführung (Schema); B klonierte Frösche*

1. *Fertigen Sie zwei Frischpräparate von menschlichen Mundschleimhautzellen an (siehe Seite 11, Aufgabe 2). Färben Sie das eine Präparat mit Methylenblaulösung, das zweite Präparat mit Karminessigsäure nach Abbildung 8.2.*
a) Mikroskopieren Sie und vergleichen Sie beide Präparationen miteinander.
b) Ermitteln Sie den durchschnittlichen Zellkerndurchmesser von mehreren Mundschleimhautzellen (vgl. S. 23). Berechnen Sie das durchschnittliche Kernvolumen ($V = 4/3 \pi r^3$). Ein kugelförmiger Stecknadelkopf hat einen Durchmesser von 2 mm. Berechnen Sie die Anzahl der Stecknadelköpfe, in der die gesamte Erbinformation aller fünf Milliarden Menschen untergebracht werden könnte.

2. *Der etwa 7 cm lange Krallenfrosch Xenopus lebt in Mittel- und Südafrika. An ihm wurden zahlreiche Kerntransplantations-Experimente durchgeführt. So pflanzte man z.B. kernlosen Eizellen des Frosches mit Hilfe einer Mikropipette Zellkerne aus Körperzellen ein. Aus diesen Eizellen entwickelten sich dann Frösche, die mit dem Spenderfrosch erbgleich waren. Eine solche Gruppe erbgleicher Lebewesen bezeichnet man als Klon.*
Beschreiben Sie das in der Abbildung 67.1. dargestellte Klonierungsexperiment und erläutern Sie die Bedeutung des Zellkerns.

3. *Inwiefern kann man aus der Befruchtung beim Menschen einen Hinweis auf den Zellkern als Träger des Erbguts erhalten?*

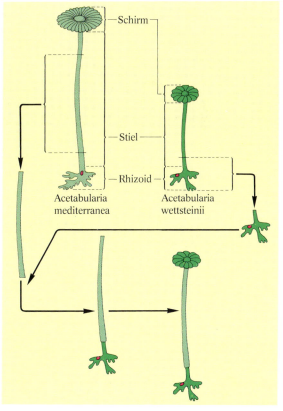

67.2. Acetabularia. *Transplantationsversuch*

Kern- und Zellteilungen

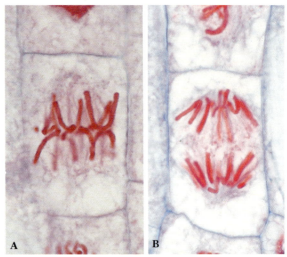

68.1. Kernteilungen in der Wurzelspitze der Hyazinthe (LM-Bilder)

1. Mitosen spielen beim Wachstum eine Rolle

Mit Hilfe von Markierungsversuchen an keimenden Samen kann man das Streckungswachstum von Wurzel und Sproß erkennen. Bei der Gemüsebohne z.B. liegt die Streckungszone der Wurzel oberhalb der Wurzelspitze, die der Sproßachse unterhalb der Keimblätter. Lichtmikroskopische Untersuchungen haben ergeben, daß das *Streckungswachstum* auf eine Volumenzunahme der Zellen zurückzuführen ist. Woher stammen aber die Zellen der Streckungszonen?

Untersucht man die Bereiche unterhalb der Streckungszone der Wurzel und oberhalb der Streckungszone der Sproßachse, so findet man jeweils eine Region, in der ständig Zellteilungen stattfinden. Ein solches Gewebe, das Zellen durch Teilung aus Zellen bildet, heißt **Meristem.** Wenn das Bildungsgewebe in einer Spitzenregion wie bei der Wurzel und der Sproßachse liegt, spricht man auch von einem *Apikalmeristem.* Hat es die Form eines Kegels, bezeichnet man es als *Vegetationskegel.* Meristeme bewirken also das *Teilungswachstum* bei Pflanzen. Die Zellen sind klein, annähernd kugelförmig und dünnwandig. Der relativ große Zellkern ist von stark ribosomenhaltigem Cytoplasma umgeben.

Bevor sich eine Zelle teilt, erfolgt zunächst die Teilung des Zellkerns, die **Mitose.** Verfolgt man ihren Verlauf z.B. anhand von Zeitraffer-Filmaufnahmen, so lassen sich vier Zeitabschnitte oder Phasen unterscheiden. Licht- und elektronenmikroskopische Untersuchun-

gen ergeben dabei folgende „Momentaufnahmen": In der **Prophase** liegen die Chromatinbereiche, die **Chromosomen,** zunächst als feine, fädige Gebilde vor. Im Verlaufe der Prophase verdichten und verkürzen sie sich durch Aufschraubung und Auffaltung. Diesen Vorgang bezeichnet man auch als *Kondensation.* Die Kernhülle zerfällt in Zisternenbruchstücke und Vesikel, die sich in Bereichen der Zellpole anhäufen. Von den Polregionen bilden sich Spindelfasern aus. Spindelfasern sind Zusammenlagerungen von Mikrotubuli und bilden den **Spindelapparat.** Bei tierischen Zellen wird der Spindelapparat von dem Zentralkörperchen, dem **Centriol,** aufgebaut. Dieser Zellbestandteil teilt sich im Verlaufe der Prophase und wandert zu den Zellpolen. In der anschließenden **Metaphase** erreichen die Chromosomen ihren stärksten Kondensationsgrad. Sie zeigen nun deutlich einen Aufbau aus zwei **Chromatiden,** die an einer Einschnürungsstelle, dem *Centromer,* zusammengehalten werden. Die Chromosomen ordnen sich in der Zellmitte, der Äquatorialebene, zu einer Äquatorialplatte. Dictyosomen und ER sind zu Vesikeln umgebaut. Spindelfasern setzen am Centromer eines jeden Chromosoms an. Die Mikrotubuli dieser Spindelfasern verkürzen sich in der nun folgenden **Anaphase.** Hierdurch wird jedes Chromatid eines Chromosoms zu einem anderen Pol transportiert.

Vesikel wandern in die Äquatorialebene. Die Chromatiden beginnen sich in der **Telophase** an jedem Zellpol zu dekondensieren. Um jeden Zellkern bildet sich eine

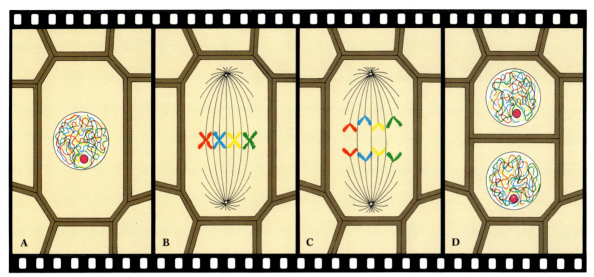

69.1. Mitose (Schema). *A Prophase; B Metaphase; C Anaphase; D Telophase*

Kernhülle aus ER-Vesikeln. Die Nucleoli sind wieder sichtbar. Nach der Mitose erfolgt nun die **Zellteilung.** Die Vesikel in der Äquatorialebene schließen sich mit GOLGI-Vesikeln zusammen, die Pektinsubstanzen enthalten: Die Zellwand bildet sich als Mittellamelle. Zwischen den beiden Tochterzellen bleiben unter Mithilfe von ER-Zisternen cytoplasmatische Verbindungen bestehen, die *Plasmodesmen.*

69.2. Mitosestadium *(EM-Schema)*

1. Mikroskopieren Sie ein Dauerpräparat eines Sproßvegetationskegels der Wasserpest. Fertigen Sie eine Übersichtsskizze der Spitze des Vegetationskegels mit einigen Blatthöckern an.
Suchen Sie ein Apikalmeristem und zeichnen Sie die vier verschiedenen Phasen der Mitose.

2. Fertigen Sie in Anlehnung an Abbildung 69.2. eine EM-Schemazeichnung der frühen Prophase einer Meristemzelle an.

3. Beschreiben Sie anhand der Abbildungen 68.1. und 69.2. die zugehörigen Mitose-Phasen. Ordnen Sie den Ziffern in Abbildung 69.2. entsprechende Begriffe zu.

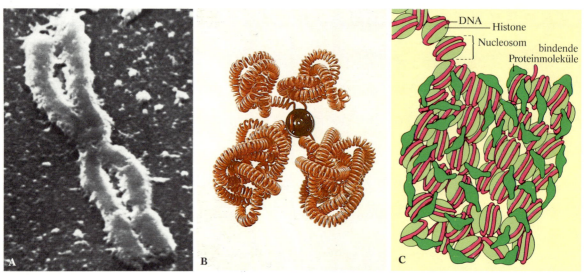

70.1. Chromosom. *A REM-Bild; B Modell; C Nucleofilament (Ausschnitt)*

2. Feinbau der Chromosomen

Chromosomen sind lichtoptisch besonders gut in der Metaphase der Mitose zu erkennen: Zwei stark kondensierte, identische Chromatiden werden durch ein Centromer zusammengehalten. Man spricht daher auch von **Zwei-Chromatiden-Chromosomen.** In der Anaphase liegen dann kondensierte **Ein-Chromatid-Chromosomen** vor, die in der Telophase dekondensiert werden. Wie erfolgt die Ausbildung verschiedener Kondensationsformen bei Chromosomen?

Lichtmikroskopisch sind die dekondensierten Chromosomen der Prophase und der Telophase als fädige Gebilde erkennbar. Eine Kondensation läßt sich am Modell durch Aufschraubung und Auffaltung nachvollziehen. Elektronenmikroskopische und biochemische Befunde unterstützen diese Vorstellung: Die Grundstruktur der Chromosomen sind 10–35 nm dicke Filamente, die als **Nucleofilamente** bezeichnet werden. Elektronenoptisch erscheinen die Nucleofilamente als „perlenkettenartige" Struktur. Die chemische Zusammensetzung dieser „Perlenkette" konnte weitgehend geklärt werden: Bei den „Perlen" handelt es sich um Proteine, die man **Histone** nennt. Die „Perlenschnur" bildet die **DNA.**
Man stellt sich nun vor, daß die DNA die Histonpartikel auf deren Außenseite umwindet. Die Nucleofilamente lassen sich enzymatisch in einheitliche Bausteine zerlegen, die **Nucleosomen.** Ein Nucleosom besteht demnach aus einem Histonpartikel mit einem zugehörigen DNA-Abschnitt.

Die Kondensation von Nucleofilamenten erfolgt nun durch Reaktionen zwischen Nucleosomen und Proteinmolekülen, die nicht am Aufbau der Histonpartikel beteiligt sind.

Die lichtmikroskopisch sichtbaren Chromosomen der Metaphase und der Anaphase sind also maximal kondensierte Nucleofilamente. So wird z.B. das 7,3 cm lange Nucleofilament des größten Chromosoms in menschlichen Zellen auf ca. 10 μm Länge verkürzt.

Im Verlaufe der Anaphase erhält jede Tochterzelle die gleiche Anzahl von Ein-Chromatid-Chromosomen. Teilt sich eine solche Tochterzelle nicht mehr, entwickelt sie sich zur differenzierten Zelle. In differenzierten Zellen liegen also Ein-Chromatid-Chromosomen vor. Die Ein-Chromatid-Chromosomen einer Zelle enthalten die gesamte Erbinformation eines Lebewesens, wie die Kerntransplantationsversuche z.B. (siehe Abbildung 67.1.) gezeigt haben. Bevor sich hingegen Tochterzellen erneut teilen können, müssen die Ein-Chromatid-Chromosomen identisch verdoppelt werden. Dies geschieht in der **Interphase,** einem Zeitabschnitt zwischen zwei Mitosen.

Bau eines Chromosomenmodells

Aus zwei gleichlangen Klingeldrähten (≙ Nucleofilament eines Chromatids) und einem Druckknopf (≙ Centromer) läßt sich das Modell eines Zwei-Chromatiden-Chromosoms bauen. Jedes Drahtstück wird in gleicher Weise durch zwei benachbarte Löcher einer Druckknopfhälfte gezogen, so daß ungleich lange Abschnitte entstehen. Die Drahtstücke werden dann über den Druckknopf miteinander verbunden. Zum Nachvollzug von Kondensationen werden die Drahtstücke z.B. mit Hilfe einer Kugelschreibermine aufgeschraubt. Das Trennen der Chromatiden erfolgt durch Lösen der Druckknopfhälften.

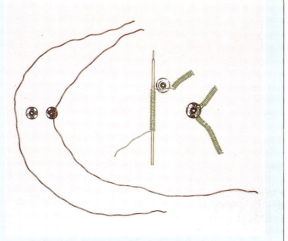

71.1. Herstellung des Drahtmodells

1. Zeigen Sie anhand selbstgebauter Chromosomenmodelle den Mitoseverlauf.

Der Zellzyklus von Mitose zu Mitose

Nach der Mitose erfolgt die Zellteilung. Bei pflanzlichen Zellen wird in der Äquatorialebene eine Querwand gebildet, bei tierischen Zellen schnürt sich hier die Mutterzelle durch. Die Zellbestandteile werden zufällig auf die Tochterzellen verteilt. Die Tochterzellen gehen nun in die **Interphase** über. Hier vergrößern sie zunächst in der sogenannten **G_1-Phase** (**g**ap=Pause) ihr Zellumen. Zu einem bestimmten Zeitpunkt in dieser Phase wird entschieden, ob es zur Verdopplung der Ein-Chromatid-Chromosomen und damit zur erneuten Mitose und Zellteilung oder ob es zur Differenzierung der Tochterzelle kommt. Differenziert sich die Tochterzelle, so befindet sie sich in der **G_0-Phase.** Anderenfalls erfolgt in der **S-Phase** (**s**ynthesis=Aufbau) die Bildung von Zwei-Chromatiden-Chromosomen und nach einer **G_2-Phase** beginnt die Mitose. Diesen Vorgang von Mitose, Zellteilung und Interphase bis zur erneuten Mitose bezeichnet man als **Zellzyklus.**

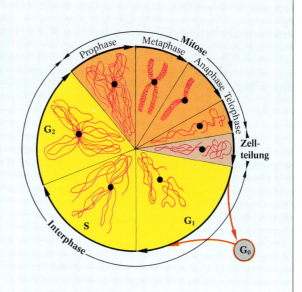

71.2. Zellzyklus *(Schema)*

2. In welchem Zustand liegen die Chromosomen in Nerven-, Haut-, Epidermis- und Meristemzellen vor?

3. Beschreiben Sie den Zellzyklus in Zellen des Sproßvegetationskegels der Wasserpest.

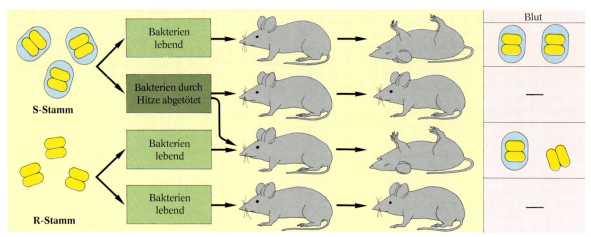

72.1. Pneumokokken-Versuche von GRIFFITH

1. *Beschreiben Sie die Experimente von GRIFFITH in Abb. 72.1. Erläutern Sie die Versuche unter Einbeziehung heutiger Erkenntnisse.*

3. Desoxyribonucleinsäure – DNA

3.1. DNA – eine Kernsäure als Erbsubstanz

Zellkerne, genauer die Chromosomen, sind Träger des Erbguts. Die Chromosomen setzen sich aus Proteinen und der Nucleinsäure DNA (**d**esoxyribo**n**ucleic **a**cid) zusammen. Welche dieser Verbindungen ist nun die Erbsubstanz?

Ursprünglich vermutete man, daß Proteine Träger der Erbinformation seien. An dieser Auffassung hielt man auch noch fest, als MIESCHER 1869 die Nucleinsäuren in den Zellkernen verschiedener Lebewesen entdeckte. Doch es vergingen noch fast 80 Jahre, bis ein erster experimenteller Beweis der stofflichen Natur der Erbsubstanz erbracht werden konnte. Hierbei spielten Bakterien der Gattung *Pneumococcus* eine wichtige Rolle. Pneumokokken kommen als Doppelzellen vor, die normalerweise von einer schleimigen, glänzenden Polysaccharidkapsel umgeben sind. Man bezeichnet sie als **S**-Formen, weil sie glatte (=**s**mooth) Kolonien bilden. Sie sind *pathogen*, d.h. krankheitserregend, indem sie im Menschen und in Säugetieren Lungenentzündung verursachen. Es gibt noch eine weitere Pneumokokken-Form, die keine Schleimkapsel ausbildet. Diese Bakterien werden im Körper abgebaut und sind daher nicht pathogen. Da ihre Kolonien ein rauhes (=**r**ough) Aussehen zeigen, spricht man von einem **R**-Stamm. Im Jahre 1928 experimentierte GRIFFITH mit diesen beiden Bakterienstämmen. Er injizierte Mäusen lebende S-Pneumokokken, worauf

die Mäuse starben. Durch Hitze abgetötete S-Bakterien waren für die Mäuse dagegen ebenso ungefährlich wie lebende R-Pneumokokken. Bei seinen Untersuchungen injizierte er Mäusen auch eine Mischung aus lebenden R- und durch Hitze abgetöteten S-Pneumokokken. Wider Erwarten war die Mischung tödlich. Das Blut dieser Tiere enthielt sowohl lebende Bakterien des S-Stammes als auch des R-Stammes. Es mußte also die Information zur Kapselbildung aus den abgetöteten S-Pneumokokken in die lebenden R-Bakterien gelangt sein.

Man stellte nun fest, daß die Übertragung dieser genetischen Information auch außerhalb eines Lebewesens, also *in vitro*, ablaufen kann. Im Jahre 1944 isolierten AVERY und seine Mitarbeiter aus hitzegetöteten S-Pneumokokken die Proteine und die DNA. Fügte AVERY nun die S-Stamm-Proteine zu kapsellosen R-Pneumokokken, so blieben diese unverändert. Gab er dagegen S-Stamm-DNA zu den R-Pneumokokken, so traten in der Bakterienkultur wieder S-Formen mit Kapseln auf. Damit war bewiesen, daß die DNA die Erbsubstanz ist. Die Übertragung genetischer Information mit Hilfe isolierter DNA bezeichnet man als **Transformation.**

Die DNA ist ein fädiges Makromolekül. Es läßt sich in die Bestandteile **Phosphorsäure**, den **Zucker** Desoxyribose und vier verschiedene organische **Stickstoffbasen** zerlegen. Zwei dieser Basen, **Cytosin** (C) und **Thy-**

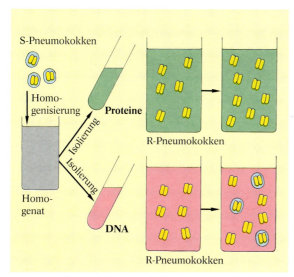

73.1. Transformationsversuche von *AVERY*

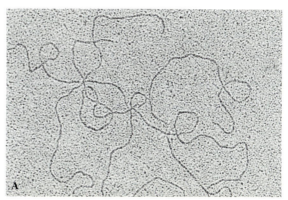

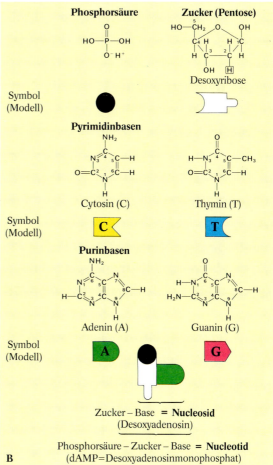

73.2. DNA. *A EM-Bild; B Bausteine (Schema)*

min (T), sind von einem stickstoffhaltigen Sechsringmolekül, dem *Pyrimidin*, abgeleitet. Die anderen Basen **Guanin** (G) und **Adenin** (A) leiten sich vom stickstoffhaltigen Doppelringmolekül *Purin* ab.

Beim enzymatischen Abbau der DNA erhält man Spaltprodukte, die jeweils aus einem Phosphorsäurerest (=Phosphatgruppe), einem Zuckermolekül Desoxyribose und einer der vier organischen Basen aufgebaut sind. Die Verbindung zwischen einer Base und einem Zucker heißt **Nucleosid.** Die Bezeichnungen der Nucleoside leiten sich von denen der Basen ab und enden bei Pyrimidinbasen auf -idin wie *Cytidin* und *Thymidin*, bei den Purinbasen auf -osin wie *Adenosin* und *Guanosin*. Ist ein Nucleosidmolekül noch mit einer oder mehreren Phosphatgruppen verbunden, spricht man von einem **Nucleotid.** Je nach der Anzahl an Phosphatgruppen gibt es z.B. das Adenosinmonophosphat (AMP) oder das Adenosintriphosphat (ATP). Die Desoxyribonucleotide, die Bausteine der DNA also, werden durch Vorsetzen von „d" gekennzeichnet wie z.B. dAMP (=Desoxyadenosinmonophosphat). Dabei ist die Base jeweils mit dem C_1-Atom und die Phosphatgruppe mit dem C_5-Atom der Desoxyribose verbunden.

Im DNA-Hydrolysat findet man neben den Nucleotiden mit einer Phosphatgruppe auch solche mit zwei Phosphatgruppen. Die zweite Phosphatgruppe sitzt am C_3-Atom der Desoxyribose. Hieraus sowie aus dem Molverhältnis von Phosphatgruppe und Desoxyribose

2. Beschreiben Sie den Transformationsversuch in Abb. 73.1. Als AVERY isolierte S-Stamm-DNA vor der Übertragung mit einem DNA-abbauenden Enzym, einer Desoxyribonuclease (DNase), versetzte, blieb die pathogene Wirkung aus. Welche Schlußfolgerung konnte AVERY hieraus ziehen?

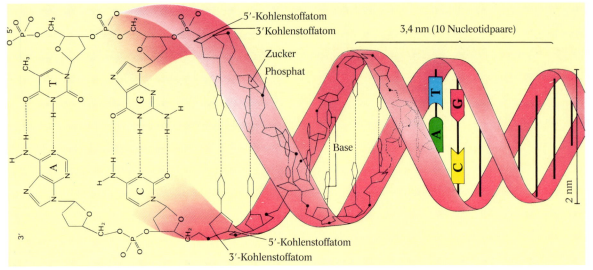

74.1. DNA-Aufbau

von 1:1 kann man schließen, daß das Grundgerüst eines DNA-Moleküls aus einer Kette von Nucleotiden mit regelmäßig abwechselnden Zucker-Phosphat-Verbindungen besteht. Eine solche Kette von Nucleotiden bezeichnet man als **Polynucleotid.** Die Nucleotidsequenz einer DNA ist ihre *Primärstruktur.* Das Zucker-Phosphat-Band eines Polynucleotid-Stranges enthält zwei verschiedene Enden: Am sogenannten 3′-Ende ist das C_3-Atom der Desoxyribose mit keiner Phosphatgruppe verbunden. Am 5′-Ende dagegen trägt das C_5-Atom des Zuckers eine Phosphatgruppe.

Das Zucker-Phosphat-Band ist in DNA-Molekülen verschiedener Lebewesen gleich. Die Erbinformation zur Ausbildung verschiedener Merkmale muß demnach in der Basenabfolge verschlüsselt sein. Tatsächlich unterscheiden sich die DNA-Moleküle nicht erbgleicher Lebewesen in ihrer *Basensequenz.* Quantitative Analysen haben nun ergeben, daß in der DNA stets gleiche Mengen von Adenin und Thymin sowie von Guanin und Cytosin zu finden waren.

Aus diesen Befunden über die Basenzusammensetzung sowie aus Untersuchungen mit Hilfe der Beugungserscheinungen von Röntgenstrahlen, der *Röntgenstrukturanalyse,* an kristallisierter DNA entwickelten WATSON und CRICK 1953 das nach ihnen benannte räumliche Modell der DNA. Danach ist die *Sekundärstruktur* der DNA ein Doppelstrang, der einer in sich gedrehten Strickleiter gleicht, wobei die Zuk-

ker-Phosphat-Bänder die Seile und jeweils zwei Basen die Sprossen darstellen. Man spricht auch von einer **DNA-Doppelhelix.** Die Basen sind durch Wasserstoffbrücken miteinander verbunden. Aus räumlichen Gründen können sich die Wasserstoffbrücken nur jeweils zwischen einer bestimmten Pyrimidin- und einer Purinbase bilden. Bei der **Basenpaarung** Adenin-Thymin liegen zwei, bei der Basenpaarung Cytosin-Guanin drei Wasserstoffbrücken vor. Die auf diese Weise miteinander verbundenen Polynucleotidstränge sind nicht identisch: Sie sind zueinander *komplementär,* d.h. die Basensequenz des einen bestimmt die Basensequenz des anderen Stranges. Außerdem sind sie hinsichtlich der Bindungsrichtung *gegenläufig:* In dem einen Strang erfolgt die Bindung zwischen der Desoxyribose und der Phosphatgruppe vom 3′- zum 5′-Ende, im komplementären Strang vom 5′- zum 3′-Ende.

Bau eines DNA-Modells

Aus Zeichenkarton und Druckknöpfen läßt sich ein DNA-Raummodell bauen: Übertragen Sie zunächst die Abb. 75.2. auf Zeichenkarton und schneiden Sie die Nucleotid-Darstellungen aus. Lochen Sie die mit + bezeichneten Stellen mit einem Papierlocher. Schneiden Sie dann von den einzelnen Nucleotid-Modellen die mit A gekennzeichneten Bereiche ab und kleben Sie sie mit zweiseitig klebendem Klarsichtband auf die schraffierten B-Felder. Falten Sie anschließend die C-Teile über die B-Teile, so daß Laschen entstehen. Kleben Sie die umgeknickten C-Teile auf den B-Teilen fest.

Zur besseren Unterscheidung können die Basen mit farbigem Papier beklebt werden. Die einzelnen Nucleotid-Modelle werden über Druckknöpfe miteinander verbunden. Durch Ineinanderschieben der vorstehenden Zungen der Basenmodelle Guanin und Adenin in die Laschen der Basenmodelle Cytosin und Thymin wird dann ein DNA-Doppelstrang-Modell hergestellt. Durch Drehung kann die Sekundärstruktur simuliert werden.

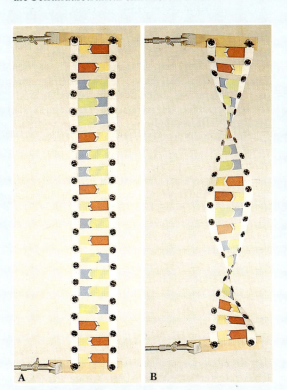

75.1. DNA-Modell.
A DNA-Doppelstrang; B DNA-Doppelhelix

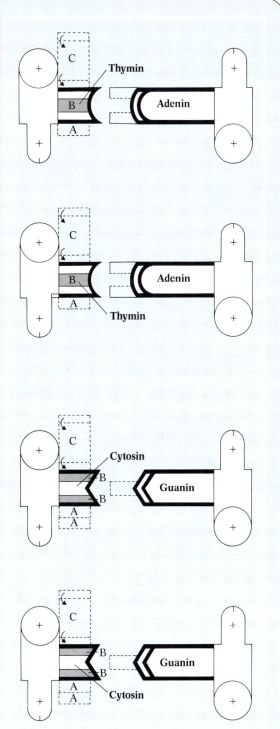

75.2. DNA-Modellbausteine zum Bau eines DNA-Modells

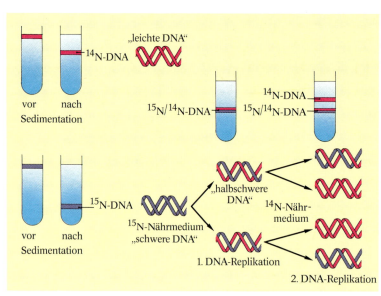

76.1. MESELSON/STAHL-Experiment.
MESELSON und STAHL ließen Darmbakterien in einem Nährmedium wachsen, welches das Isotop des schweren Stickstoffs ^{15}N enthielt. Nach mehreren Teilungen war ^{15}N in die Bakterien-DNA eingebaut. Die Bakterien wurden dann in ein Nährmedium mit dem normalen Stickstoff ^{14}N überführt.
Die Verteilung von ^{14}N und ^{15}N in der DNA wurde mit Hilfe der Dichtegradientenzentrifugation aufgeklärt. Nach der ersten Teilung war die DNA „halbschwer": Die Dichte dieser Bande lag genau in der Mitte zwischen der der ^{15}N-DNA und der ^{14}N-DNA. Nach zwei Teilungen waren zwei DNA-Bande gleicher Intensität zu sehen.

3.2. Verdoppelung der DNA

Vor jeder Mitose einer Zelle werden aus Ein-Chromatid-Chromosomen in der Interphase Zwei-Chromatiden-Chromosomen gebildet. Wie erfolgt diese identische Verdoppelung der Erbsubstanz und damit der DNA?

Das WATSON-CRICK-Modell der DNA bietet für den Vorgang der identischen Verdoppelung, der **Replikation,** eine einfache Modellvorstellung an: Die beiden Stränge einer Doppelhelix werden wie ein Reißverschluß getrennt. An jeden Strang lagern sich einzelne Nucleotide mit den jeweils komplementären Basen an. Die Nucleotide werden miteinander verknüpft, so daß zwei neue DNA-Doppelstränge mit identischer Basensequenz entstehen. Eine solche DNA-Replikation bezeichnet man als **semikonservativ.** Die Richtigkeit dieser Modellvorstellung wurde 1958 von MESELSON und STAHL durch Isotopen-Markierungsversuche an der DNA des Darmbakteriums Escherichia coli bewiesen (Abb. 76.1.). Auch an eukaryontischen Chromosomen ließ sich die semikonservative DNA-Replikation nachweisen, wie die Experimente von TAYLOR zeigen (Abb. 77.2.).

Genauere Vorstellungen über die DNA-Replikation erhielt man durch zahlreiche Untersuchungen vor allem an Prokaryonten. Danach ergibt sich heute folgendes molekulare Replikationsmodell: Zunächst wird die Doppelhelix an verschiedenen Stellen unter Mitwir-

kung von Enzymen entwunden. Die bei der Entwindung auftretenden Torsionsspannungen werden aufgehoben, indem Enzyme in einem Strang „Brüche" katalysieren. Durch diese Strangbrüche entsteht freie Drehbarkeit. Unmittelbar nach der Drehung schließen die Enzyme die Bruchstelle wieder. Dann erfolgt enzymatisch die Trennung der beiden Einzelstränge. Dadurch entstehen gabelförmig auseinanderweichende Stellen, die **Replikationsgabeln.** Im Bereich der Replikationsgabeln sitzen die zur DNA-Replikation benötigten Enzyme. Sie bilden eine Funktionseinheit. Hierzu gehört auch die *DNA-Polymerase.* Dieses Enzym verknüpft die Nucleotide zum DNA-Tochterstrang. Die Nucleotide liegen zunächst als energiereiche Nucleosidtriphosphate vor. Beim Verknüpfen mit dem DNA-Elternstrang werden jeweils zwei Phosphatreste abgespalten. Die dabei freiwerdende Energie wird für die DNA-Synthese benötigt. Die DNA-Polymerase kann aber nur 3'-Enden verlängern, d.h. die Wachstumsrichtung von Nucleinsäureketten erfolgt ausschließlich vom 5'- zum 3'-Ende. Da die beiden DNA-Stränge gegenläufig sind, kann die Replikation demnach nur am $3' \rightarrow 5'$-Strang stetig fortschreiten. Am anderen Strang synthetisiert die DNA-Polymerase kurze DNA-Stücke in $5' \rightarrow 3'$-Richtung. Dazu setzt das Enzym im Bereich der Replikationsgabel immer wieder neu an. Diese DNA-Stücke werden nach ihrem Entdecker *OKAZAKI-Stücke* genannt. Die OKAZAKI-Stücke werden nachträglich mit dem bestehenden Strang durch Ligasen verbunden.

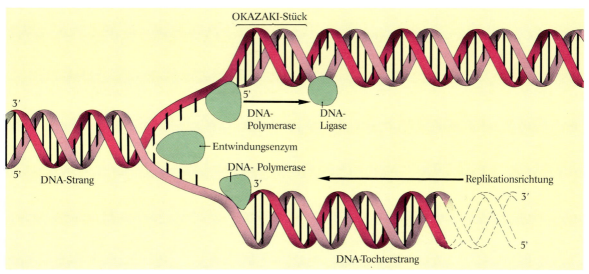

OKAZAKI-Stück

3'

5'

DNA-Polymerase

DNA-Ligase

Entwindungsenzym

DNA- Polymerase

5'

DNA-Strang

3'

Replikationsrichtung

3'

5'

DNA-Tochterstrang

77.1. Replikation der DNA *(Schema)*

1. Erläutern Sie das MESELSON/STAHL-*Experiment unter Zuhilfenahme des* WATSON-CRICK-*Modells für die DNA-Replikation.*
Zeichnen Sie das Bandenmuster sowie die DNA-Verteilung nach drei Teilungen (Abb. 76.1.).

2. Escherichia coli hat ein ringförmiges DNA-Molekül von 4 Millionen Basenpaaren. Auf eine Windung des DNA-Stranges kommen 10 Nucleotide. Die Replikationsdauer der DNA beträgt 30 Minuten.
Berechnen Sie die theoretische Rotationsgeschwindigkeit der DNA bei der Entwindung.

3. Veranschaulichen Sie die DNA-Replikation mit Hilfe des Modells von Seite 75.

4. Erläutern Sie das Experiment von TAYLOR. *Veranschaulichen Sie Ihre Darstellung, indem Sie für jedes Chromatid ein einfaches DNA-Schema verwenden.*
Worin unterscheidet sich das TAYLOR-*Experiment von dem* MESELSON/STAHL-*Experiment?*

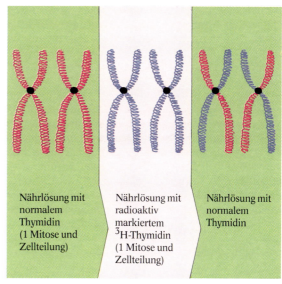

Nährlösung mit normalem Thymidin (1 Mitose und Zellteilung)

Nährlösung mit radioaktiv markiertem ^{3}H-Thymidin (1 Mitose und Zellteilung)

Nährlösung mit normalem Thymidin

77.2. TAYLOR-Experiment (1957). *TAYLOR ließ in einer Nährlösung Wurzelspitzen der Ackerbohne wachsen. Dann setzte er für die Zeitdauer einer Mitose und Zellteilung radioaktives ^{3}H-Thymidin hinzu. Anschließend wurden die Wurzelspitzen wieder in eine Nährlösung mit normalem Thymidin gegeben, in der sie weiterwuchsen. Die mikroskopischen Untersuchungen von Metaphase-Chromosomen nach Zusatz von ^{3}H-Thymidin zeigten jeweils beide Chromatiden radioaktiv. Nach der Umsetzung dagegen war jeweils nur eine der beiden Chromatiden radioaktiv.*

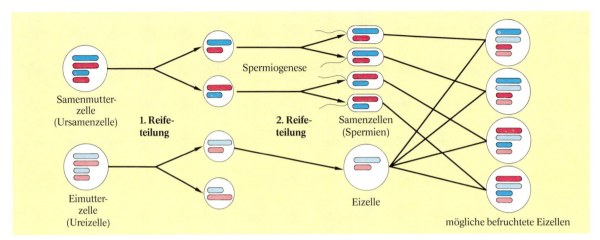

78.1. Kombinationen von Chromosomen bei der Meiose und der Befruchtung

1. Wieviele Kombinationsmöglichkeiten gibt es bei zwei und vier Chromosomenpaaren? Geben Sie eine allgemeine Formel der Kombinationsmöglichkeiten für n-Chromosomenpaare an.

4. Bei der Meiose werden Chromosomen kombiniert

Der DNA-Gehalt des Zellkerns in Leber-, Muskel- und Hautzellen des Menschen beträgt jeweils etwa $58 \cdot 10^{-13}$ g, in Samen- und Eizellen dagegen nur ca. $29 \cdot 10^{-13}$ g. Weshalb ist der DNA-Gehalt in Geschlechtszellen nur halb so groß wie der in Körperzellen?

In Körperzellen des Menschen zählt man während der mitotischen Metaphase jeweils 46 Chromosomen. Untersucht man diesen Chromosomensatz genauer, so stellt man fest, daß je zwei Chromosomen völlig gleich aussehen: Sie sind **homolog.** Eine menschliche Körperzelle enthält 22 Paare homologer Chromosomen und zwei Geschlechtschromosomen. In Geschlechtszellen oder Gameten liegt der einfache oder **haploide** (n) Chromosomensatz von 23 Chromosomen vor. Bei der Befruchtung kommt es zur Vereinigung der Zellkerne von Ei- und Samenzelle. Die befruchtete Eizelle, die Zygote, enthält den doppelten oder **diploiden** (2n) Chromosomensatz. Aus der Zygote wächst durch mitotische Zellteilungen schließlich ein geschlechtsreifes Lebewesen heran, das nun seinerseits reife, also befruchtungsfähige Geschlechtszellen ausbildet. Um bei der Befruchtung die Chromosomenzahl von 2n konstant zu halten, muß vorher der diploide Chromosomensatz halbiert werden. Dies geschieht bei der Reifung der Gameten in zwei unmittelbar aufeinanderfolgenden **Reifeteilungen,** die man zusammen als **Meiose** bezeichnet.

Vor Beginn der Kernteilungsvorgänge der Meiose durchläuft die Zelle eine Interphase. Die **1. Reifeteilung** beginnt mit einer Prophase I, die jedoch im Gegensatz zur mitotischen Prophase Wochen oder gar Monate dauern kann. Ebenfalls abweichend zur Mitose ist die Paarung der kondensierten Zwei-Chromatiden-Chromosomen: Dazu legen sich homologe Chromosomen parallel aneinander, wobei sich die benachbarten Chromatiden umwinden können. Solche Überkreuzungsstellen bezeichnet man als Chiasmata. Zu Beginn der anschließenden Metaphase I weichen die Chromosomen wieder auseinander. Nach der Metaphase I erfolgt dann in der Anaphase I die Halbierung des Chromosomensatzes. Im Gegensatz zur Mitose wird je ein Zwei-Chromatiden-Chromosom eines homologen Chromosomenpaares zu den entgegengesetzten Zellpolen gezogen. Dabei ist die Verteilung der ehemals „väterlichen" und „mütterlichen" Chromosomen zufallsbedingt. Auf diese Weise können die elterlichen Chromosomen neu kombiniert werden. Nach einer kurzen Telophase I erfolgt dann die **2. Reifeteilung,** die wie eine Mitose abläuft. Das Ergebnis der Meiose sind vier haploide Zellen.

2. Den Wechsel vom diploiden zum haploiden Zustand des Zellkerns und umgekehrt nennt man Kernphasenwechsel. Beschreiben Sie den Kernphasenwechsel beim Menschen.

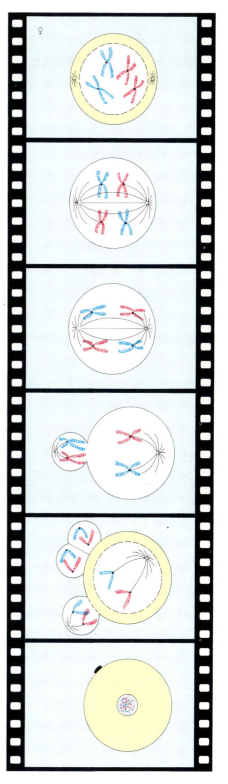

1. Reifeteilung

Prophase I der Geschlechts-
mutterzelle (= Urgeschlechts-
zelle): Kondensation der Zwei-
Chromatiden-Chromosomen;
Paarung der homologen Chromosomen und Chiasmabildung
(4 Chromatiden gepaarter Chromosomen = Tetrade); Zerfall der
Kernhülle.

Metaphase I: Anordnung der
homologen Chromosomen in der
Äqatorialebene; Ausbildung des
Spindelapparates.

Anaphase I: Reduktion des Chromosomensatzes durch Auseinan-
derweichen und Wandern der
homologen Chromosomen in den
Zellpolen; *interchromosomale
Rekombination* = zufällige Verteilung „väterlicher" und „mütterlicher" Chromosomen.

Telophase I: Je nach Objekt: Bildung einer Kernhülle und lockere
Entschraubung der Zwei-Chromatiden-Chromosomen.

2. Reifeteilung

Diese Teilung gleicht in ihrem Ablauf einer Mitose. Meist beginnt
sie mit der Metaphase II, dann
folgt die Anaphase II und die Telophase II. Aus den 4 haploiden
Zellen mit Ein-Chromatid-Chromosomen entwickeln sich 4 Spermien (= Spermiogenese) und
1 Eizelle mit 3 Richtungskörpern
(= Oogenese).

79.1. Meiose (Schema)

Vom Gen zum Merkmal

80.1. Das Große Löwenmaul

1. Der genetische Code

Das Große Löwenmaul hat verschiedenfarbige Blüten. Es gibt Sorten mit weißen, aber auch solche mit violetten Blumenkronblättern. Wie kommt es zur Ausbildung des Merkmals Blütenfarbe?

Die Transplantationsversuche mit der Schirmalge Acetabularia belegen eindeutig, daß der Zellkern die Information für die Ausbildung des Hutmerkmals enthält (s. S. 67). Er enthält die *Chromosomen*, die Träger der Erbsubstanz. Jede Art hat eine bestimmte Anzahl von Chromosomen. So findet man beim Großen Löwenmaul zum Beispiel einen Chromosomensatz von $2n = 16$.

Eine Pflanze des Großen Löwenmauls hat jedoch mehr als 16 Merkmale. Man schließt daraus, daß auf den Chromosomen mehrere Faktoren für die Merkmalsausbildung und für die Vererbung untergebracht sind. Diese Faktoren werden als Erbfaktoren oder Gene bezeichnet. Gene sind demnach an der Ausbildung von Merkmalen beteiligt.

Doch welcher Zusammenhang besteht zwischen dem *Gen* für die Ausbildung der Blütenfarbe und dem *Merkmal* Blütenfarbe? Die violette Farbe der Blütenblätter wird im wesentlichen durch einen Farbstoff aus der Gruppe der *Anthocyane* bestimmt. Die Synthese dieses Farbstoffs ist bekannt und vereinfacht im Schema der Abbildung 81.1. wiedergegeben. Jeder dieser Schritte wird enzymatisch gesteuert, so z.B. die Umwandlung von Tetrahydroxychalcon zu Flavanon durch die Chalcon-Isomerase. Fehlt dieses Enzym, so kann der blaue Farbstoff Cyanidin nicht gebildet wer-den. Es entstehen cyanidinfreie Blüten, die gelblich gefärbt sind.

Eine Löwenmaulpflanze mit weißen Blüten hat also einen *Stoffwechseldefekt*. Sie kann den Farbstoff Cyanidin nicht herstellen, weil ihr innerhalb der Synthesekette zum Cyanidin ein Enzym fehlt. Die Nachkommen dieser Löwenmaulpflanze sind ebenfalls weißblühend, der Stoffwechseldefekt ist also erblich bedingt. Von den Erbfaktoren hängt es also ab, ob der Blütenfarbstoff hergestellt wird oder nicht. Es liegt nahe anzunehmen, daß jeweils ein Gen für ein Enzym dieser Synthesekette verantwortlich ist. So bestimmt das Gen 1 das Enzym 1, das Gen 2 ist für die Bildung des Enzyms 2 verantwortlich. Man spricht hier von der **Ein-Gen-ein-Enzym-Hypothese.** Sie wurde 1941 von den Amerikanern BEADLE und TATUM aufgrund ähnlicher Untersuchungen mit dem Roten Brotschimmel (Neurospora crassa) formuliert.

Um herauszufinden, welche Enzyme der Stoffwechselkette fehlen, wo also der Stoffwechsel blockiert ist, geht man von folgenden Annahmen aus: Zum einem müßte sich das *Zwischenprodukt* vor dem blockierten Stoffwechselschritt ansammeln, weil es wegen des fehlenden Enzyms nicht weiterverarbeitet wird. Zum anderen sollte eine normalerweise weißblühende Form dann Anthocyan bilden, wenn ihr von außen das hinter dem blockierten Stoffwechselschritt liegende Zwischenprodukt zugeführt wird. Beide Annahmen konnten experimentell bestätigt werden. So bilden zum Beispiel weiße Blüten des Löwenmauls, denen

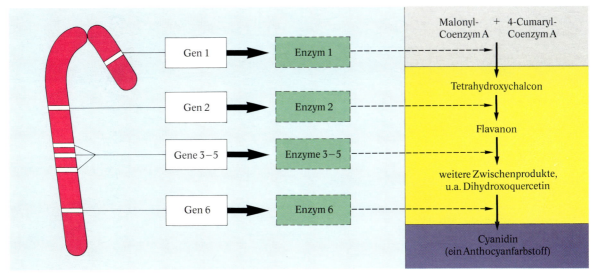

81.1. Genwirkkette bei der Bildung des Blütenfarbstoffs

ein Enzym zur Cyanidinsynthese fehlt, diesen Farbstoff, wenn man ihnen Dihydroxyquercetin zuführt: Auf den weißen Blütenblättern erscheinen nach und nach violette Flecken.

Über diesen Zusammenhang zwischen einem Gen und dem von ihm bestimmten Enzym konnten erst in den letzten 30 Jahren genauere Untersuchungen Aufschluß geben. Dazu waren insbesondere folgende Vorüberlegungen bedeutsam: Enzyme sind Eiweißmoleküle, die sich in ihrer Aminosäuresequenz unterscheiden. Diese Information muß in den Genen verschlüsselt sein. Dafür ist die genetische Substanz *Desoxyribonucleinsäure (DNA)* verantwortlich. In der DNA muß die Information für die Ausbildung der Aminosäuresequenz festgelegt sein, jede Aminosäure muß daher verschlüsselt, also codiert vorliegen. Welche Bausteine der DNA bilden diesen Code?

Die Zucker-Phosphat-Bänder sind bei allen DNA-Molekülen gleich, sie kommen somit für die Codierung nicht in Frage. DNA-Moleküle unterscheiden sich aber in ihrer *Basensequenz*, nämlich in der Abfolge der 4 Basen Adenin, Guanin, Cytosin und Thymin. Damit stehen zur Codierung von 20 Aminosäuren nur 4 Elemente oder „Buchstaben" zur Verfügung. Es ist offensichtlich, daß der Code nicht einbuchstabig sein kann; es wären nur 4 Codewörter möglich, also könnten allenfalls 4 Aminosäuren codiert werden. Bei einer Codewortlänge von 2 Basen ständen $4^2 = 16$ Codewörter zur Verfügung. Auch diese Zahl reicht nicht aus. Wird dagegen eine Aminosäure durch 3 Basen der

DNA, ein **Basentriplett,** codiert, so reichen die insgesamt $4^3 = 64$ Codewörter aus, um die 20 Aminosäuren zu codieren. Man bezeichnet dieses Codierungsprinzip als **Genetischen Code.** Welches Basentriplett verschlüsselt nun welche Aminosäure?

Die Untersuchungen zur Entschlüsselung des Genetischen Codes wurden nicht an DNA vorgenommen, sondern man verwendete dazu eine *Ribonucleinsäure (RNA)*, die während der Eiweißsynthese als Kopie eines DNA-Abschnittes hergestellt wird. Diese RNA ist einsträngig und stimmt in ihrer Basensequenz mit dem Strang der DNA, der die genetische Information trägt, überein; nur findet man hier statt der Base Thymin die Base Uracil.

Die lebende Zelle ist ein höchst komplexes System, in dem man einzelne Faktoren nur schwer verfolgen und kontrollieren kann. Man versuchte daher, den Genetischen Code in **zellfreien Systemen** zu entschlüsseln. Dazu homogenisiert man zum Beispiel Zellen von E. coli, behandelt das Homogenat mit einem DNA-abbauenden Enzym und zentrifugiert für kurze Zeit bei hoher Drehgeschwindigkeit. Der Überstand enthält u.a. Ribosomen, Reste des Endoplasmatischen Retikulums, Eiweißmoleküle und Salze. Gibt man nun RNA hinzu, so erhält man ein zellfreies System, das zur Eiweißbildung befähigt ist.

Die Molekularbiologen NIERENBERG und MATTHAEI veröffentlichten 1961 das Ergebnis solcher Untersuchungen. Sie hatten künstliche *messenger-RNA* (m-RNA) mit der einförmigen Basensequenz

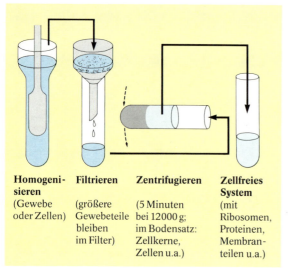

82.1. Gewinnung eines zellfreien Systems

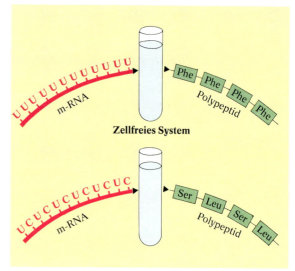

82.2. Versuche zur Aufklärung des Genetischen Codes

UUUUUU... verwendet. In 20 verschiedenen Versuchsreihen hatten sie dem zellfreien System alle 20 Aminosäuren zugegeben, wobei jeweils eine andere Aminosäure radioaktiv markiert war. Aus einem Versuchsansatz mit radioaktiv markiertem Phenylalanin hatten sie ein radioaktiv markiertes Polypeptid isolieren können, das ausschließlich aus der Aminosäure Phenylalanin zusammengesetzt war. Eine m-RNA mit der monotonen Basenabfolge U-U-U-U-U-U-U-U-U-... codiert also ein Polypeptid mit der Aminosäureabfolge Phe-Phe-Phe... Damit war nachgewiesen, daß für die Aminosäure Phenylalanin das Codewort aus den drei Basen UUU bestehen muß. Man bezeichnet ein solches Codewort auch als **Codon.** Verwendet man eine synthetische m-RNA mit der Base Cytosin, so wird ein Polypeptid hergestellt, das ausschließlich die Aminosäure Prolin enthält. Für die Aminosäuren Lysin und Glycin bestimmte man auf ähnlichem Wege die Codons AAA bzw. GGG.

Zur Entschlüsselung weiterer Codons arbeitete man mit synthetischen Polynucleotiden, die 2 oder 3 verschiedene Basen enthielten. So kann man z.B. ein Polynucleotid herstellen, in dem abwechselnd Uracil- und Cytosin-Nucleotide aufeinander folgen. Im zellfreien System erhält man ein Polypeptid mit den Aminosäuren Serin und Leucin, die Codons für beide Aminosäuren sind also UCU bzw. CUC. Mit Hilfe weiterer, allerdings bedeutend komplizierterer Experimente konnten schließlich 61 der 64 möglichen Tripletts den 20 verschiedenen Aminosäuren zugeordnet

werden. Die Tripletts UAA, UAG und UGA bedeuten **„Stop".** Bei der Einweißsynthese signalisiert dies Zeichen, daß keine weitere Aminosäure an das Polypeptid gebunden wird: Das Eiweißmolekül ist fertiggestellt. Das Codon AUG codiert die Aminosäure Methionin und bedeutet gleichzeitig den **Start** der Proteinsynthese.

Der Genetische Code ist also ein **Triplettcode:** Drei Nucleotide codieren eine Aminosäure. Der Code wird als **eindeutig** bezeichnet, denn ein Codon bestimmt nur den Einbau einer einzigen Aminosäure. So läßt das Triplett AAG nur den Einbau von Lysin zu.

Bis auf Methionin und Tryptophan werden alle Aminosäuren durch mehr als ein Triplett bestimmt; Leucin kann z.B. durch CUU, CUC, CUA oder CUG codiert werden. Man spricht deshalb von einem **degenerierten** Code. Der Vorteil dieses Sachverhaltes liegt auf der Hand. Kommt es bei dem dritten Nucleotid eines Tripletts zu einem Basenaustausch, so kann dennoch die ursprüngliche Information erhalten bleiben. Der Genetische Code ist dadurch weniger störanfällig.

Der Informationsgehalt eines RNA-Abschnitts wird jedoch völlig verändert, wenn ein oder zwei Nucleotide eingeschoben oder weggenommen werden. Der Genetische Code ist **kommafrei,** die einzelnen Codewörter sind nicht durch gesonderte Pausenzeichen voneinander getrennt. Nach Wegnahme einer Base verschiebt sich das Leseraster, der Informationsgehalt ändert sich.

Erste Base	Zweite Base				Dritte Base
	U	C	A	G	
U	Phe	Ser	Tyr	Cys	U
	Phe	Ser	Tyr	Cys	C
	Leu	Ser	„Stop"	„Stop"	A
	Leu	Ser	„Stop"	Trp	G
C	Leu	Pro	His	Arg	U
	Leu	Pro	His	Arg	C
	Leu	Pro	Gln	Arg	A
	Leu	Pro	Gln	Arg	G
A	Ile	Thr	Asn	Ser	U
	Ile	Thr	Asn	Ser	C
	Ile	Thr	Lys	Arg	A
	Met (Start)	Thr	Lys	Arg	G
G	Val	Ala	Asp	Gly	U
	Val	Ala	Asp	Gly	C
	Val	Ala	Glu	Gly	A
	Val	Ala	Glu	Gly	G

83.1. Der Genetische Code

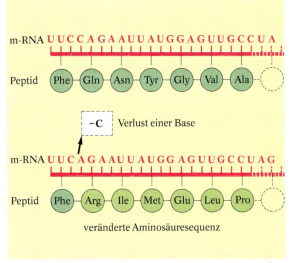

83.2. Verschiebung des Leserasters

Die Basen eines Tripletts dienen nur der Verschlüsselung einer Aminosäure. Diese Basen können nicht gleichzeitig Bestandteil eines benachbarten Tripletts sein. Folglich werden 100 Aminosäuren durch die fortlaufende Abfolge von 300 Nucleotiden bestimmt. Der Genetische Code ist also **nicht überlappend.**
Die m-RNA einer tierischen Zelle bringt dasselbe Protein hervor, gleichgültig, ob die Eiweißsynthese in einer tierischen Zelle oder in einem Bakterium abläuft. Der Genetische Code ist also **universell,** alle Organismen benutzen dieselbe Sprache.

1. Übersetzen Sie mit Hilfe der Tabelle in Abbildung 83.1. die Basensequenz eines Abschnitts der m-RNA in die Aminosäuresequenz eines Peptids: AAA CCG UGC GGA-CCA AUU GUU GUA.

2. Welche Veränderung des Informationsgehaltes erwarten Sie für den Fall, daß einem Abschnitt der m-RNA drei Nucleotide vorangestellt werden?

3. Warum wird den zellfreien Systemen zur Entschlüsselung des Genetischen Codes ein DNA-abbauendes Enzym zugesetzt?

4. Welches Polypeptid entsteht, wenn man dem zellfreien System eine Poly-AU-RNA zusetzt?

„Code-Dialekte"

Einige Lebewesen bevorzugen ein bestimmtes Codon unter mehreren möglichen Codons gleicher Aminosäurebedeutung:

Codierte Aminosäure	benutztes Codon	E. Coli	Meerschweinchen
Arginin	AGG	±	++
	CGG	±	++++
Methionin	UUG	++	±
Alanin	GCG	++++	++
Isoleucin	AUA	±	++
Lysin	AAG	±	++++
Serin	UCG	++++	++
	AGU	±	++
	AGC	±	+++
Cystein	UGA	±	+++

± bedeutet, daß dieses Codon gleich häufig wie andere Codons gleicher Aminosäurebedeutung benutzt wird.
Ein oder mehrere + kennzeichnen, wie stark das jeweilige Codon gegenüber anderen bevorzugt wird.

Bakterien und Viren – Haustiere der Molekulargenetik

Versuchsobjekte mit einer *hohen Nachkommenzahl* und einer *kurzen Generationsdauer* wie Bakterien und Viren eignen sich besonders gut für molekulargenetische Untersuchungen. Bei diesen Lebewesen kann man in kurzer Zeit Veränderungen an Genen erzielen und damit verbundene Auswirkungen beobachten.

Die Vermehrung von **Bakterien** kann man gut in Petrischalen verfolgen. Verteilt man auf einem Nährboden eines solchen Schälchens z.B. einige Bakterienzellen aus dem Darm von Säugern und „bebrütet" sie bei 37 °C, so kann man nach 24 Stunden Kolonien von etwa 3,5 mm Durchmesser sehen. Jede Kolonie hat sich durch fortlaufende Zweiteilung einzelner Bakterien aus einer einzigen Bakterienzelle entwickelt und enthält bis zu 10^{10} Zellen. Erst mit Hilfe elektronenoptischer Aufnahmen gelang es, den Feinbau von Bakterienzellen zu erkennen. Auffallend ist, daß ein echter Zellkern fehlt. Statt dessen enthalten sie ein einziges ringförmiges DNA-Molekül, daneben können noch kleine DNA-Ringe vorhanden sein, man bezeichnet sie als *Plasmide*.

Viren sind noch kleiner und wesentlich einfacher gebaut. Ihnen fehlt eine begrenzende Membran, und im einfachsten Fall bestehen sie aus einem Nucleinsäurefaden und einer Proteinhülle. Man kann sie nicht eindeutig zu den Lebewesen rechnen. Zwar besitzen sie mit einem DNA- oder RNA-Faden genetisches Material, einen eigenen Stoffwechsel haben sie jedoch nicht. Zur Fortpflanzung sind sie deshalb auf eine Wirtszelle angewiesen. Viren, die Bakterien befallen, heißen **Phagen.** Sie vermehren sich in den Bakterienzellen, wie zum Beispiel T-Phagen in Escherichia coli-Zellen. In dem relativ großen Kopfteil der Phagen ist die DNA untergebracht. Der hohle Schwanzteil schließt mit einer Endplatte ab, an der Spikes und Schwanzfäden sitzen. Mit Hilfe der Schwanzfäden und der Platte heftet sich der Phage an die Bakterienwand. Diese enthält bestimmte Rezeptoren, die für jeden Phagen verschieden sind.

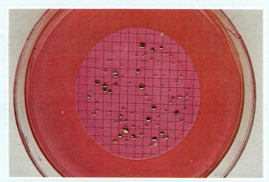

Kolonien von Escherichia coli (E. coli)

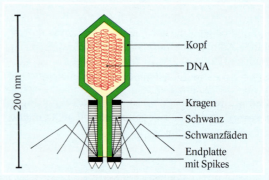

T-Phage *(Schematische Darstellung)*

Kopf
DNA
Kragen
Schwanz
Schwanzfäden
Endplatte mit Spikes

200 nm

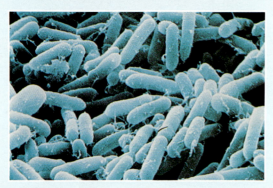

E. coli- *(EM-Aufnahme)*

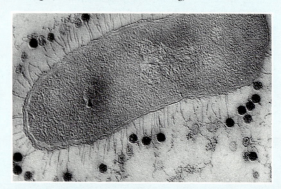

Bakterium mit Phagen besetzt *(EM-Aufnahme)*

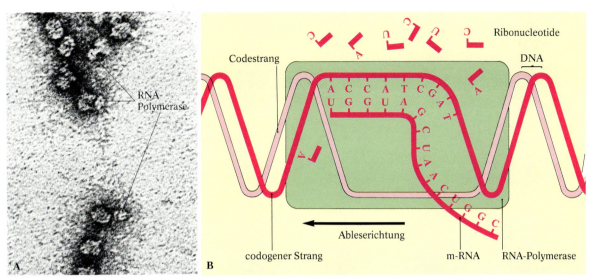

Codestrang
Ribonucleotide
DNA
A C C A T C G A T
U G G U A
Ableserichtung
codogener Strang
m-RNA
RNA-Polymerase
RNA-Polymerase
A
B

85.1. Transkription. *A EM-Aufnahme bei E. coli; B Schema*

2. Die Synthese von Proteinen

2.1. Bei der Transkription wird „abgeschrieben"

Bietet man einer Zelle radioaktiv markierte Aminosäuren an, so lassen sich radioaktive Eiweißmoleküle zunächst nur im Zellplasma, jedoch nicht im Zellkern nachweisen. Die Eiweißsynthese, auch **Proteinbiosynthese** genannt, findet also im Zellplasma statt. Die genetische Information für diesen Prozeß ist im Zellkern lokalisiert. Wie gelangt diese Information für den Aufbau der Proteine ins Zellplasma?

Da die molekulargenetischen Strukturen und Abläufe bei Eukaryonten ungleich komplexer als bei Prokaryonten sind, wurde die oben aufgeworfene Frage zunächst bei Bakterien untersucht. Dazu bot man Zellen von E. coli radioaktiv markiertes Cytosin an. Anschließend brach man die Zellen auf. Das nicht eingebaute radioaktive Cytosin wurde ausgewaschen. Den Zellrückstand bedeckte man mit einem photographischen Film. Das entwickelte Bild dieses Films nennt man **Autoradiogramm.** Dort, wo radioaktives Cytosin eingebaut worden war, konnte man eine Schwarzfärbung beobachten. Eine elektronenoptische Aufnahme ist in Abbildung 85.1. wiedergegeben. An einem nicht gut identifizierbaren Zentralfaden sind beidseitig perlschnurartige Fransen zu erkennen, deren Länge in einer Richtung des Fadens zunimmt. Eine chemische Analyse ergibt, daß es sich bei diesen Fransen um Polynucleotide handelt. Sie unterscheiden sich von einem

DNA-Einzelstrang dadurch, daß als Pentose *Ribose* statt Desoxyribose eingebaut ist und die organische Base *Uracil (U)* den Platz von Thymin einnimmt. Solche Makromoleküle bezeichnet man als **Ribonucleinsäuren (RNA).** Der Zentralfaden wird als ein DNA-Molekül gedeutet.

Mit Hilfe dieser und weiterer Befunde wurde ein Modell entwickelt, das erklärt, wie die Geninformation bei Eukaryonten vom Zellkern ins Zellplasma gelangt. Dieser Vorgang, die **Transkription,** erfolgt nach dem Prinzip der Basenpaarung ähnlich wie die Reduplikation. Ein Enzym, die RNA-Polymerase, heftet sich an eine bestimmte Erkennungsregion der DNA und löst in diesem Bereich die Wasserstoffbrücken zwischen den Basen der DNA-Stränge. An einen dieser Stränge, den **codogenen Strang,** lagern sich *Ribonucleotide* an. Diese Nucleotide bestehen aus Phosphorsäure, Ribose und einer der 4 Basen A, G, C oder U. Die RNA-Polymerase verknüpft die komplementär angelagerten Nucleotide miteinander und wandert auf der DNA weiter. Fortlaufend werden weitere Nucleotide an den Polynucleotidfaden angehängt. Die so entstehende Boten-RNA oder **messenger-RNA (m-RNA)** ist gleichsam eine Abschrift des **Codestranges,** der zum codogenen Strang komplementär ist. Auf ein Stopptriplett hin wird die m-RNA vom codogenen Strang abgelöst.

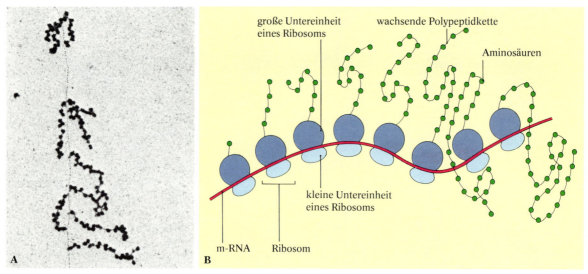

große Untereinheit
eines Ribosoms   wachsende Polypeptidkette

Aminosäuren

kleine Untereinheit
eines Ribosoms

m-RNA   Ribosom

A
B

86.1. Polysomen. *A EM-Bild; B Schema*

Ribosomen in der Ultrazentrifuge

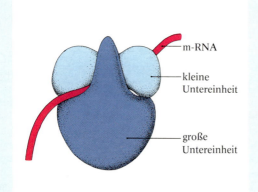

m-RNA

kleine
Untereinheit

große
Untereinheit

Ribosomen sind aus einer größeren und einer kleineren Einheit zusammengesetzt. Diese Untereinheiten lassen sich mit Hilfe einer *Ultrazentrifuge* bei 75 000 Umdrehungen pro Minute voneinander trennen. Die Teilchen unterscheiden sich dabei durch ihre Sedimentationsgeschwindigkeit. Die dazugehörigen Maßeinheiten sind die SVEDBERG-Einheiten (**S**). So zerfällt das 70 S Ribosom von Bakterienzellen in die Untereinheiten 50 S und 30 S.

2.2. Bei der Translation wird „übersetzt"

Auf elektronenoptischen Aufnahmen von E. coli-Zellen kann man erkennen, daß der m-RNA schon während der Transkription perlschnurartig etwa 20 nm große kugelförmige Zellbestandteile angelagert sind. Es handelt sich um **Ribosomen,** die Orte der Proteinsynthese. An jedem einzelnen Ribosom wird ein Eiweißmolekül synthetisiert. Die Gesamtheit der an einem m-RNA-Molekül tätigen Ribosomen bezeichnet man als *Polysomen.* Man kann die m-RNA mit einem Tonband vergleichen, das an den Köpfen vieler Tonbandgeräte entlangläuft. Diese entsprächen dann wohl den Ribosomen. Wie die auf das Band angebrachte Magnetisierung in Schallwellen umgesetzt wird, läßt sich physikalisch gut beschreiben und erklären. Weniger vollständig dagegen ist geklärt, wie die Basensequenz der m-RNA in die Aminosäuresequenz eines Eiweißmoleküls „übersetzt" wird. Man bezeichnet diesen Vorgang der „Übersetzung" als **Translation.**

Die Translation beginnt damit, daß sich die m-RNA mit ihrem Startcodon an die kleine Untereinheit eines Ribosoms setzt. Anschließend lagert sich die große Ribosomenuntereinheit hinzu. Nun ist das Ribosom bereit, Aminosäuren zu Proteinen untereinander zu verknüpfen. Doch wie werden die Aminosäuren zu den Ribosomen transportiert? Jede Aminosäure hat einen eigenen „Transporteur", eine jeweils spezifische **transfer-RNA (t-RNA).** Mit Hilfe eines Enzyms wird die jeweils „rich-

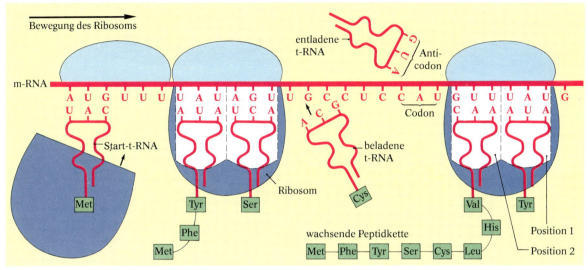

87.1. Translation

tige" Aminosäure an „ihre" t-RNA gehängt, die damit
zum Ribosom wandert.

Am Ribosom gibt es zwei Bindungsstellen für t-RNA-
Moleküle: Position 1, den sogenannten Eingang und
Position 2, den sogenannten Ausgang. In jede Position
paßt ein Codon der m-RNA. Jede t-RNA trägt in der
mittleren Schleife ein Triplett, das **Anticodon.** Damit
„erkennt" das t-RNA-Molekül das komplementäre Codon auf der m-RNA. Dieses Codon verschlüsselt gerade die Aminosäure, mit der die jeweilige t-RNA bela-
den ist.

In der Position „Ausgang" sitzt zunächst die mit Methionin beladene *Start-t-RNA*, in Position „Eingang"
kommt ein t-RNA-Molekül mit einer weiteren Aminosäure hinzu. Enzyme im Ribosom verknüpfen die beiden Aminosäuren. Die Verbindung zwischen dem Methionin und der dazugehörigen t-RNA wird gelöst,
diese t-RNA wird ins Plasma entlassen. Die t-RNA in
Position „Eingang" trägt nun ein Dipeptid. Das Ribosom „rutscht" auf der m-RNA ein Codon weiter. Die
das Dipeptid tragende t-RNA gelangt in Position „Ausgang", in Position „Eingang" kann sich eine andere
aminosäurebeladene t-RNA anlagern. Die beschriebenen Vorgänge wiederholen sich. So wird Schritt für
Schritt die Triplettfolge auf der m-RNA in die Aminosäuresequenz eines Proteins übersetzt. Wenn das Ribosom an ein Stoppcodon wie zum Beispiel UAG gelangt, wird das fertige Protein freigesetzt. Dabei zerfällt
das Ribosom in seine beiden Untereinheiten.

t-RNA, molekulare Angelhaken

t-RNA-Moleküle bestehen aus rund 80 Nucleotiden. Durch Faltung bestimmter Abschnitte des Polynucleotidstranges kommt es
zu Basenpaarungen. Dadurch wird die spezifische Raumstruktur ermöglicht, sie gleicht
einem „L". Am Ende des langen Arms befindet
sich das Anticodon, an dem kurzen Arm wird
die jeweilige Aminosäure angeheftet. Die Basensequenz in bestimmten Bereichen beider
Arme ist verantwortlich für die Erkennung der
t-RNA durch das Enzym, das t-RNA und Aminosäure miteinander verbindet. Die verschiedenen t-RNAs unterscheiden sich in diesen Ba-
sensequenzen.

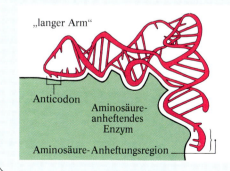

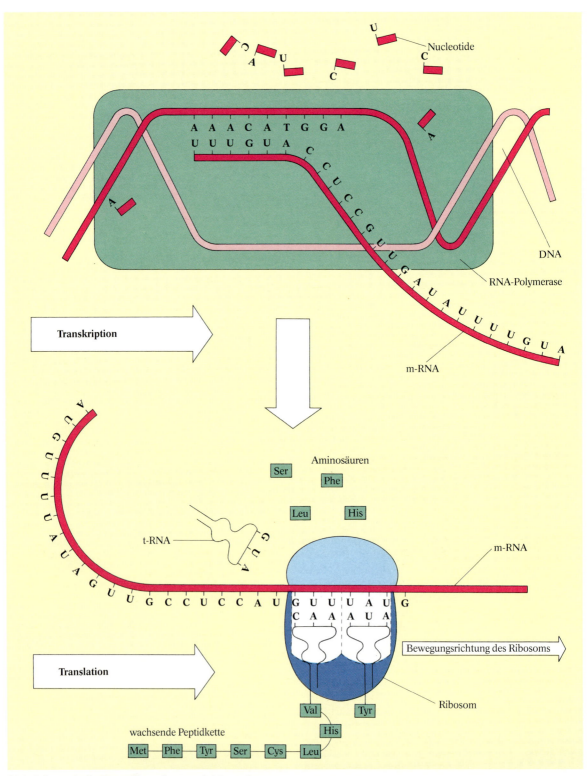

88.1. *Schematische Darstellung der Proteinbiosynthese*

Proteinbiosynthese bei Eukaryonten

Das Insulin ist ein Hormon der Bauchspeicheldrüse. Es setzt sich aus 2 Polypeptidketten zusammen. Die A-Kette enthält 21 Aminosäuren, die B-Kette 30 Aminosäuren. Insgesamt sind also 51 Aminosäuren am Aufbau des Insulins beteiligt. Bei Bakterien würde einem solchen Polypeptid ein DNA-Abschnitt, also ein Insulin-Gen, von 153 Nucleotiden entsprechen. Umfangreiche Untersuchungen erbrachten jedoch, daß das Insulin-Gen des Menschen 1426 Nucleotide umfaßt. Weitere überraschende Ergebnisse waren, daß sowohl eine m-RNA mit 1426 Nucleotiden als auch eine m-RNA mit 330 Basen isoliert werden konnte. Ungewöhnlich war auch, daß drei verschiedene Polypeptide mit 51, 86 oder 110 Aminosäuren im Zellplasma auftraten.

Diese und weitere Befunde ermöglichten es, die Realisierung des Insulin-Gens modellhaft darzustellen. Die RNA-Polymerase lagert sich an die DNA und transkribiert den 1426 Nucleotide langen DNA-Bereich. Die so entstehende m-RNA enthält mehr Nucleotide als zur Codierung des Insulins erforderlich sind. Man bezeichnet diese RNA als **prä-m-RNA.** Sie gelangt durch die Kernporen ins Cytoplasma. Dort wird sie enzymatisch auf 330 Nucleotide zurückgeschnitten. Dies bezeichnet man als **Processing der prä-m-RNA** oder auch „Reifung" der m-RNA. Dabei werden folgende Abschnitte der prä-m-RNA herausgeschnitten: der Anfangs- und Endabschnitt mit 238 und 76 Nucleo-

tiden sowie der größte Teil des 879 Nucleotide umfassenden Mittelstücks. Diese prä-m-RNA-Abschnitte und folglich auch die entsprechenden Abschnitte auf der DNA tragen keine genetische Information. Man nennt solche Abschnitte **Introns.** Die codierenden DNA-Bereiche dagegen werden als **Exons** bezeichnet.

An die zugeschnittene „reife" m-RNA lagern sich Ribosomen. Aus der Translation geht das sogenannte *Prä-Pro-Protein* hervor. Es umfaßt 110 Aminosäuren. Mit Hilfe des 24 Aminosäuren umfassenden vorderen Abschnitts gelangt dieses Protein in die Zisternen des Endoplasmatischen Reticulums. Dabei wird dieser Abschnitt abgespalten, es entsteht das *Pro-Protein.* Aus diesem wird der mittlere Abschnitt mit insgesamt 35 Aminosäuren enzymatisch herausgelöst. Somit liegt das fertige Insulin-Molekül vor. Dieses Zurechtschneiden von Proteinmolekülen bezeichnet man als **Protein-Processing.**

Es gilt als gesichert, daß die Proteinbiosynthese bei Eukaryonten ähnlich wie die Biosynthese des Insulins abläuft. Eukaryontische Gene und die von ihnen transkribierten RNA-Moleküle enthalten codierende und nichtcodierende Abschnitte. Während der „Reifungsprozesse" werden die nichtcodierenden Abschnitte herausgeschnitten. Die Introns fördern aller Wahrscheinlichkeit nach die Austauschhäufigkeit zwischen zwei Genen.

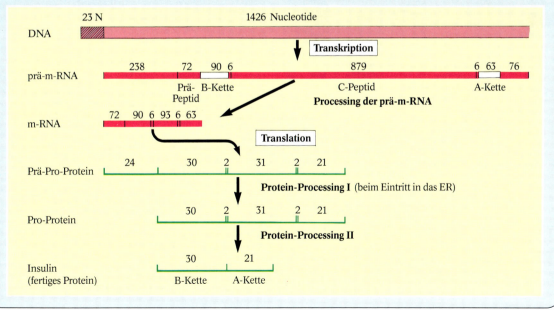

Vererbung von Merkmalen

90.1. Bernhardiner mit Welpen

1. Befruchtung – Grundlage für die Merkmalsausbildung

Befruchtung beim Seeigel

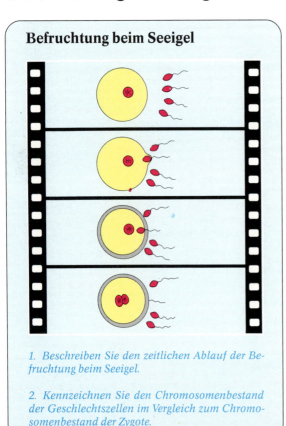

1. Beschreiben Sie den zeitlichen Ablauf der Befruchtung beim Seeigel.

2. Kennzeichnen Sie den Chromosomenbestand der Geschlechtszellen im Vergleich zum Chromosomenbestand der Zygote.

Die Bernhardiner-Welpen sind ein Abbild ihrer Hundeeltern: Das Fell hat eine weiße Grundfarbe mit großen hellbraunen und dunkelbraunen Flecken. Die Welpen haben diese *Merkmale* von ihren Eltern geerbt, sie haben diesbezüglich die gleiche genetische Information wie ihre Eltern. Wie kommt es zu dieser genetischen Übereinstimmung?

Jede Entwicklung eines Lebewesens beginnt mit der Fortpflanzung. Bei der *geschlechtlichen Fortpflanzung* werden spezialisierte Zellen gebildet, man spricht von Geschlechtszellen oder **Gameten.** Die männlichen Gameten nennt man *Spermien*, die weiblichen *Eizellen*. Bringt man Eizellen und Spermien zusammen, so ist unter dem Mikroskop zu erkennen, wie sich die Spermien gezielt auf die Eizelle zubewegen. Dies kann man besonders gut beim Seeigel beobachten. Trifft ein Spermium auf die Oberfläche einer Eizelle, verschmelzen die Zellmembranen miteinander. Beide Zellen haben nun ein gemeinsames Cytoplasma, diesen Vorgang bezeichnet man als *Besamung.* Anschließend kommt es zur eigentlichen **Befruchtung:** Die Kerne von Samen- und Eizelle verschmelzen miteinander, das mütterliche und väterliche Erbgut werden miteinander vereinigt. Die befruchtete Eizelle nennt man **Zygote.** Aus der Zygote kann sich nun ein neues Lebewesen entwickeln und seine arttypischen Merkmale ausbilden. Den Plan für eine solche Merkmalsausbildung hat es in Form der mütterlichen und väterlichen Chromosomen durch die Gameten mitbekommen.

Eine Erbsenblüte wird befruchtet

Eine Erbsenblüte bestäubt sich normalerweise selbst. Für Kreuzungsversuche kann man jedoch auch eine *künstliche Bestäubung* vornehmen. Dazu werden die Blütenblätter einer noch nicht geöffneten Blüte auseinander gezogen. Sodann werden die Staubblätter entfernt. Auf die *Narbe* der so behandelten Pflanze bringt man mit Hilfe eines Malerpinsels Pollen einer bereits geöffneten Blüte. Unter dem Mikroskop kann man im Pollenkorn eine große, plasmareiche *vegetative Zelle* und eine kleine, linsenförmige *generative Zelle* erkennen. Durch den Kontakt mit der Narbenoberfläche werden die Pollenkörper veranlaßt, einen *Pollenschlauch* auszutreiben. Dieser durchbricht die Oberfläche der Narbe. Durch weiteres Wachstum gelangt der Pollenschlauch entlang eines Griffelkanals bis zu einer der *Samenanlagen im Fruchtknoten.* Man vermutet, daß die Wachstumsrichtung des Pollenschlauchs durch chemische Reize gesteuert wird.

Der generative Kern teilt sich in zwei haploide Kerne, die *Spermakerne*. Ist ein Pollenschlauch in die Nähe einer haploiden *Eizelle* gelangt, so entleert er seinen Inhalt. Ein Spermakern verschmilzt mit dem Eikern. Aus einer so befruchteten Eizelle entwickelt sich ein *Embryo*. Der andere Spermakern verschmilzt mit dem diploiden *Embryosackkern*. Daraus geht das *Nährgewebe* für den Embryo hervor. Einen solchen Vorgang nennt man *doppelte Befruchtung.*

In gleicher Weise werden die anderen Samenanlagen im Fruchtknoten befruchtet. Nach einiger Zeit entwickeln sich die befruchteten Samenanlagen zu *Samen*, zu Erbsen. Der Fruchtknoten entwickelt sich zur *Hülse*. Samen und Hülse bilden zusammen die **Frucht.**

1. Warum verwendet man zur künstlichen Befruchtung die Narben noch nicht geöffneter Blüten?

2. Warum werden die Staubblätter entfernt?

3. Welchen Ploidiegrad hat das Nährgewebe eines Embryos?

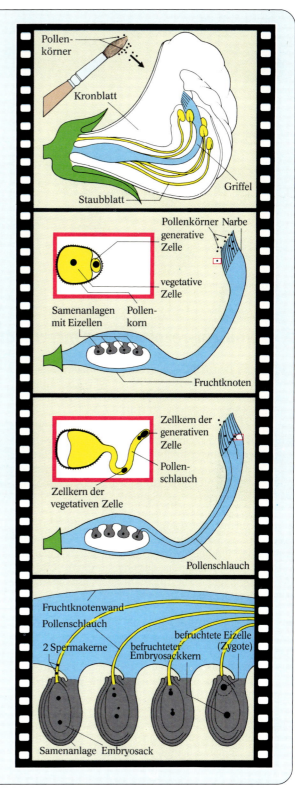

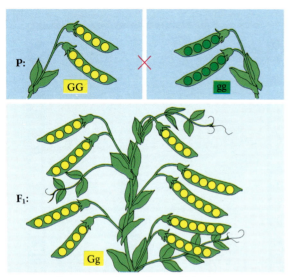

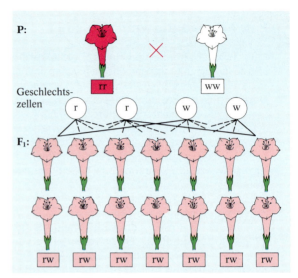

92.1. Dominant-rezessiver Erbgang (Erbse)

92.2. Intermediärer Erbgang (Wunderblume)

2. Dominant-rezessive und intermediäre Erbgänge

Künstliche Befruchtung bei Erbsenpflanzen: Aus der noch geschlossenen Blüte gelbsamiger Erbsenpflanzen entfernt man die Staubblätter. Auf die Narben dieser Blüten überträgt man mit Hilfe eines Pinsels Pollen einer Erbsenpflanze, die aus grünen Samen hervorgegangen ist. Man bezeichnet diese Ausgangspflanzen als **Elterngeneration** (Parentalgeneration, P). Die Samen, die aus dieser künstlichen Befruchtung hervorgehen, bilden die **Tochtergeneration** (Filialgeneration, F_1). Welche Farbe haben diese Samen?

Überraschenderweise sind alle Samen gelb. Man bezeichnet das Merkmal „gelbe Samenfarbe" als **dominant,** das Merkmal „grüne Samenfarbe" dagegen als **rezessiv.** Entsprechend ist das Gen für die Ausbildung der gelben Samenfarbe dominant über das Gen für die Ausbildung der grünen Samenfarbe.

Beide Gene liegen auf entsprechenden Genorten homologer Chromosomen, man spricht daher auch von homologen Genen oder **Allelen.** In einem Kreuzungsschema wird das dominante Allel durch einen großen Buchstaben, das rezessive Allel durch den entsprechenden kleinen Buchstaben dargestellt.

Die gelbsamigen Pflanzen der P-Generation tragen auf den homologen Chromosomen gleiche Allele für das Merkmal Samenfarbe: GG. Die Pflanzen sind für das Gen, das die Samenfarbe bestimmt, reinerbig oder **homozygot.** In der F_1-Generation sind die betreffenden

Allele jedoch ungleich: ein Allel bestimmt die gelbe, ein Allel die grüne Samenfarbe: Gg. Diese Pflanzen sind für das Gen, das die Samenfarbe bestimmt, mischerbig oder **heterozygot.** Man kann einem gelben Samen also nicht ansehen, ob er bezüglich des Gens für die gelbe Samenfarbe homozygot oder heterozygot ist. Wenn Merkmale so weitergegeben werden wie das Merkmal Samenfarbe, spricht man von einem **dominant-rezessiven Erbgang.**

Kreuzt man dagegen eine reinerbig rotblühende Wunderblume mit einer reinerbig weißblühenden, so erhält man in der F_1-Generation durchweg rosablühende Pflanzen. Sie liegen also in ihrer Blütenfarbe zwischen den Farben der Pflanzen der P-Generation. Es handelt sich hier um einen zwischenelterlichen oder **intermediären Erbgang.** Beide Elternallele wirken sich gleich stark auf die Ausbildung des Merkmals aus. Die heterozygoten Pflanzen unterscheiden sich von beiden homozygoten Elternpflanzen. In einem Kreuzungsschema für einen intermediären Erbgang werden die Allele durch die kleinen Anfangsbuchstaben des Merkmalspaares wiedergegeben; für die rosablühenden Wunderblumen bedeutet das: rw.

Man bezeichnet jedes Merkmal auch als *Phän*, die Gesamtheit aller Merkmale eines Individuums als Erscheinungsbild oder *Phänotyp*. Dem liegt sein Erbbild oder *Genotyp* zugrunde. Darunter versteht man die Gesamtheit aller Gene eines Individuums.

PTH-Schmecktest

Als im Jahr 1931 der Chemiker A.L. FOX einen von ihm neu entdeckten Stoff umfüllte, beschwerte sich ein Laborkollege. Der beim Umfüllen entstehende Staub schmecke ausgesprochen bitter. FOX selbst konnte diesen bitteren Geschmack nicht feststellen. Er prüfte daraufhin den Stoff an weiteren Personen. Einige konnten den Stoff schmecken, andere nicht.
Später wurden die genauen Zusammenhänge untersucht. Bei „Schmeckern" wird der von FOX entdeckte Phenylthioharnstoff (PTH) durch ein im Speichel vorhandenes Enzym gespalten. Die Spaltprodukte schmecken bitter. „Nichtschmeckern" fehlt dieses Enzym. PTH wird bei ihnen folglich nicht gespalten, sie haben nicht die Bitter-Empfindung.
Zum Test verwendet man etwa 1 cm^2 große Plättchen aus Filtrierpapier, das man zuvor in eine PTH-Lösung getaucht und anschließend getrocknet hat.
Beim Schmeckversuch legt sich jede Testperson ein Plättchen auf den Zungengrund, prüft den Geschmack und nimmt das Plättchen sofort wieder aus dem Mund.

1. Überprüfen Sie mit Hilfe des folgenden Stammbaums, ob die Schmeckfähigkeit dominant oder rezessiv vererbt wird.

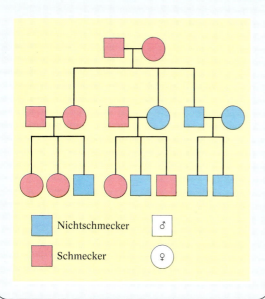

◼ Nichtschmecker   ☐ ♂

◼ Schmecker   ◯ ♀

Genetische Begriffe – kurz erklärt

Allele	alternative Zustandsformen eines Gens
Crossing over	Stückaustausch zwischen Chromatiden homologer Chromosomen
dihybrider Erbgang	Erbgang mit zwei Merkmalspaaren
dominant	Allel setzt sich im heterozygoten Zustand durch
Gen	Erbfaktor, kleinste Funktionseinheit der DNA
Genort	Lage eines Gens auf dem Chromosom
Genotyp	die einem bestimmten Merkmal zugrunde liegenden Allele
heterozygot	mischerbig, die Allele homologer Chromosomen sind verschieden
homozygot	reinerbig, die Allele homologer Chromosomen stimmen überein
intermediär	zwischenelterliche Merkmalsausbildung
Kopplungsgruppe	Gene, die auf einem Chromosom liegen
monohybrider Erbgang	Erbgang mit einem Merkmalspaar
Mutation	Veränderung der Erbinformation
Modifikation	durch Umwelteinflüsse bedingte Merkmalsänderung
Phän	Merkmal
Phänotyp	das für einen Genotyp charakteristische Erscheinungsbild
rezessiv	Allel tritt im heterozygoten Zustand gegenüber dem dominanten Allel zurück

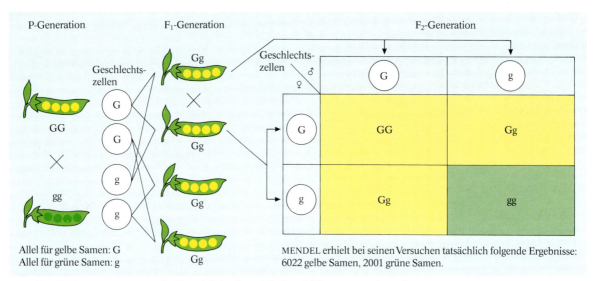

94.1. Zwei Erbsenrassen unterscheiden sich in einem Merkmal *(Kreuzungsschema)*

3. Es gibt Gesetzmäßigkeiten bei der Vererbung

GREGOR MENDEL beobachtete die Vererbung von Merkmalen bei Erbsenpflanzen. Zunächst untersuchte er einen **monohybriden Erbgang,** d.h. einen Erbgang mit Individuen, die sich nur in einem Merkmal unterschieden. Dazu bestäubte er die Blüten gelbsamiger Erbsenpflanzen mit Pollenstaub grünsamiger Pflanzen. Aus den so bestäubten Blüten gingen durchweg gelbe Erbsensamen hervor, sie waren unter sich hinsichtlich dieses Merkmals völlig gleich, uniform. Später bezeichnete man dieses Ergebnis als **Uniformitätsgesetz** oder *1. MENDELsches Gesetz: Kreuzt man reinerbige Eltern, die sich in einem Merkmal unterscheiden, so sind die Nachkommen in der F₁-Generation unter sich gleich.*

Eine Überraschung erlebte MENDEL, als er die so erhaltenen Erbsensamen aussäte und später die herangewachsenen Erbsenpflanzen miteinander kreuzte. Die Pflanzen trugen neben gelben auch grüne Samen, eine sorgfältige Auszählung erbrachte 6022 gelbe und 2001 grüne Samen. Die Nachkommen der F_2-Generation waren also nicht unter sich gleich, sondern es fand eine Spaltung in dominante und rezessive Merkmalsträger statt. Das Anzahlverhältnis betrug 6022 : 2001 = 45,14 : 15 ≈ 3 : 1. Dieses Zahlenverhältnis gilt für einen dominant-rezessiven Erbgang. Kreuzt man rosafarbene Wunderblumen miteinander, so kann man in der F_2-Generation mit rotblühenden, rosablühenden und weißblühenden Pflanzen im Zahlenverhältnis 1 : 2 : 1 rechnen. Dies ist die Aussage des *2. MENDEL-*

schen Gesetzes, auch **Spaltungsgesetz** genannt: *Kreuzt man die Individuen der F₁-Generation untereinander, so erhält man in der F₂-Generation eine Aufspaltung in festen Zahlenverhältnissen.* Die MENDELschen Gesetze gelten auch für den Fall, daß das dominante Allel statt vom väterlichen Elter vom mütterlichen Elter bezogen wird. Dies nennt man *reziproke Kreuzung.*

Welche Ergebnisse sind jedoch in einem **dihybriden Erbgang,** einem Erbgang mit zwei verschiedenen Merkmalen, zu erwarten? MENDEL kreuzte z.B. zwei reine Erbsenrassen, die sich sowohl in der Samenfarbe als auch in der Samenform voneinander unterschieden. Die eine Rasse hatte gelbe (G) und runde (R) Samen, die andere grüne (g) und runzlige (r) Samen. Erwartungsgemäß waren alle Erbsen der F_1-Generation gelb und rund. Das Gesetz von der Uniformität gilt also auch für dihybride Erbgänge.
Als MENDEL die Pflanzen der F_1-Generation untereinander kreuzte, erhielt er in der nachfolgenden F_2-Generation z.B. 315 gelbe und runde Samen sowie 32 grüne und runzlige, also die auch schon in der P-Generation vertretenen Merkmalskombinationen. Darüber hinaus wurden jedoch 108 grüne und runde Samen sowie 101 gelbe und runzlige gezählt. Es waren also zwei neue Rassen entstanden. Die Anlagen für die Merkmale „gelb" und „rund" sowie „grün" und „runzlig" werden also nicht immer gemeinsam an die Nachkommen weitergegeben. Sie können auch neu kombiniert

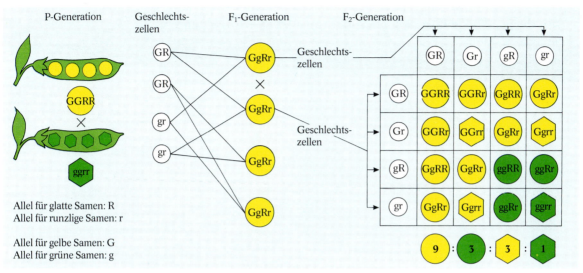

95.1. Zwei Erbsenrassen unterscheiden sich in 2 Merkmalen (*Kreuzungsschema*)

werden, so zum Beispiel zu der Merkmalskombination „gelb" und „runzlig". Diese Aussage ist Kern des *3. MENDELschen Gesetzes,* auch **Unabhängigkeitsgesetz** genannt: *Kreuzt man reine Rassen, die sich in mehreren Merkmalen unterscheiden, so werden die Anlagen unabhängig voneinander vererbt und neu kombiniert.* Die so entstandenen Merkmalskombinationen sind im Falle eines dihybriden Erbgangs in einem Anzahlverhältnis von 9 : 3 : 3 : 1 zu erwarten.

1. Wodurch unterscheiden sich die gelben Erbsensamen der P-Generation von denen der F$_1$-Generation in dem Kreuzungsschema der Abb. 94.1.?

2. Es werden zwei reine Rinderrassen miteinander gekreuzt. Die eine Rasse hat ein ungeflecktes (U) schwarzes (S) Fell, die andere ein geflecktes (u) braunrotes (s). Entwickeln Sie ein Kreuzungsschema bis zur F$_2$-Generation und ermitteln Sie das Anzahlverhältnis der verschiedenen Rassen in der F$_2$-Generation.

GREGOR MENDEL und sein Werk

JOHANN GREGOR MENDEL (1833–1884), ein Augustinerpater in Brünn, berichtete 1865 über seine „Versuche über Pflanzenhybriden". Während die meisten Kreuzungsversuche der damaligen Zeit auf die Frage der Stabilität bzw. Neuentstehung von Arten abzielten, wählte MENDEL einen einfachen und übersichtlichen Versuchsansatz: Er betrachtete zunächst nur jeweils ein Merkmal wie zum Beispiel die Ausbildung der gelben oder grünen Farbe von Erbsensamen. MENDEL arbeitete mit einer großen Individuenzahl, so zählte er mehrere Tausend Erbsen aus. Die Zahlen wertete er statistisch aus und kam so zu Gesetzmäßigkeiten, die man später ihm zu Ehren MENDELsche Gesetze nannte. Eine solche mathematische Behandlung biologischer Probleme war für die damalige Zeit ungewöhnlich und wurde auch nicht recht verstanden. Zudem schloß MENDEL aus den Zahlenverhältnissen auf das Vorliegen vererbbarer „Einheiten". Diese Einheiten waren etwas völlig Abstraktes. Die Zellbiologie konnte nach dem damaligen Wissensstand keine Erklärung anbieten: Chromosomen, Mitose, Meiose oder der Befruchtungsvorgang waren noch nicht bekannt.

Mit der Taufliege läßt sich leicht genetisch experimentieren

96.1. Taufliege Drosophila melanogaster (♂)

Mutante	Gensymbol	Kennzeichen
black	b	Körper schwarz
cinnebar	cn	Augen leuchtend hellrot
Curly	Cy	stark aufgebogene Flügel
sepia	se	braune Augen
vestigal	vg	stummelflüglig
white	w	weiße Augen
ebony	e	ebenholzfarbig, Körper schwarz
Lobe	L	verkleinerte Augen

96.2. Einige Mutanten der Taufliege

Als das bestuntersuchte Objekt der Genetik kann die Taufliege Drosophila melanogaster bezeichnet werden. Dafür sind mehrere Gründe verantwortlich:
1. Die Generationsdauer ist sehr kurz; sie beträgt bei 25 °C etwa 10 Tage.
2. Die Fliegen sind leicht zu züchten.
3. Die Nachkommenzahl ist recht hoch; ein Fliegenpaar bringt 300 Larven hervor.
4. Viele Merkmale sind deutlich ausgeprägt und mit Hilfe einer Lupe gut zu erkennen.
5. Die Fliegen enthalten pro Zelle vier Chromosomenpaare, die sich deutlich voneinander unterscheiden.

Die etwa 3 mm langen Tiere haben weit über den gebänderten Hinterleib hinausreichende Flügel. Die Augen sind rot. Bei den etwas größeren Weibchen ist der Hinterleib zugespitzt, die Bänderung setzt sich bis zum Hinterleibsende fort. Das Hinterleibsende der Männchen ist abgerundet und einheitlich schwarz.

Dies sind einige wichtige Merkmale des sogenannten Standardtyps oder **Wildtyps.** Die in bestimmten Merkmalen davon abweichenden Formen bezeichnet man als **Mutanten.** Diese werden nach dem vom Standardtyp abweichenden Merkmal benannt, das Gensymbol ist eine Abkürzung des häufig englischen Namens der Mutante. Das Symbol wird klein geschrieben, wenn das Gen der Mutante rezessiv gegenüber dem Gen des Standardtyps ist. So haben z.B. Mutanten vom Typ „white" weiße Augen, das Gensymbol ist „w". Das jeweilige Wildtyp-Allel hat das Symbol +. Für die Kennzeichnung der genetischen Beschaffenheit einer Form hat sich folgende Schreibweise durchgesetzt: Für die Allele eines Gens setzt man die Gensymbole ober- und unterhalb eines Bruchstrichs. So bedeutet zum Beispiel $\frac{Cy}{+}$, daß die Mutante heterozygot für das Merkmal „stark aufgebogene Flügel" ist. Das dominante Allel Cy setzt sich gegenüber dem Wildtyp-Allel durch. Anlagen über dem Bruchstrich haben die Tiere von ihrer Mutter, die unter dem Bruchstrich vom Vater.

Drosophila wird in Gläsern gezüchtet, deren Boden mit einem Brei aus Maismehl, Hefe-Extrakt, Zucker und Agar bedeckt ist. Diese Schicht dient als Futter, zur Eiablage und Larvenentwicklung. Für Kreuzungen benötigt man jungfräuliche Weibchen, um sie mit Männchen eines anderen Stammes zusammen zu bringen. Da die Weibchen 6–8 Stunden nach dem Schlüpfen geschlechtsreif werden, muß man sie spätestens 6 Stunden nach dem Schlüpfen von ihren männlichen Geschwistern trennen.

Kreuzt man zum Beispiel reinerbige Lobe-Mutanten mit Wildtyp-Fliegen, so erhält man in der F_1-Generation durchweg Fliegen mit verkleinerten Augen. Dieses Ergebnis entspricht dem Uniformitätsgesetz. Diese heterozygoten Tiere der F_1-Generation kann man nun untereinander kreuzen. Man erhält in der F_2-Generation eine Aufspaltung in 25% Wildtyp-Fliegen und 75% Fliegen mit verkleinerten Augen. Diese Zahlen bestätigen das Spaltungsgesetz.

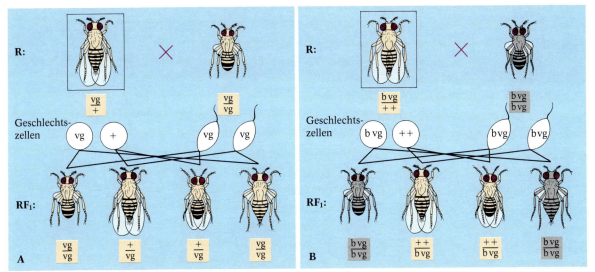

97.1. Rückkreuzung bei Drosophila. *A Monohybrider Erbgang; B dihybrider Erbgang*

4. Viele Merkmale treten gemeinsam auf

Kreuzt man stummelflüglige vestigal-Mutanten mit Wildtyp-Fliegen, so erhält man nach dem 2. MENDELschen Gesetz in der F_2-Generation zu 75% Fliegen des Wildtyps. Davon müßten ⅓ homozygot, ⅔ heterozygot für das Wildtypallel sein. Wie kann man herausbekommen, welche Allelkombinationen die einzelnen Fliegen tragen?

Mit Hilfe einer **Rückkreuzung** kann man diese Frage klären. Dazu kreuzt man die zu untersuchende Fliege mit dem rezessiven Merkmalsträger der P-Generation, also in diesem Fall mit der vestigal-Mutante $\left(\frac{vg}{vg}\right)$. Mit dieser Schreibweise kennzeichnet man den Genotyp einer Taufliege: Für die Allele setzt man oberhalb des Bruchstrichs die jeweiligen Gensymbole. Sind alle Nachkommen in der Rückkreuzungs-Tochtergeneration (RF_1-Generation) normalflüglig, so sind alle heterozygot $\left(\frac{vg}{+}\right)$. Damit ist belegt, daß das getestete Tier homozygot normalflüglig ist $\left(\frac{+}{+}\right)$. Bringt die RF_1-Generation dagegen zu jeweils 50% normalflüglige und stummelflüglige Fliegen hervor, so ist die untersuchte Fliege heterozygot normalflüglig $\left(\frac{vg}{+}\right)$. Ihr vg-Allel ist mit dem vg-Allel des rezessiven Großelter zusammengekommen, es sind auch stummelflüglige Formen $\left(\frac{vg}{vg}\right)$ aufgetreten.

Rückkreuzungen kann man auch mit Zweifachmutanten durchführen. Kreuzt man black/vestigal-Mutanten $\left(\frac{b\ vg}{b\ vg}\right)$ mit Wildtyp-Fliegen $\left(\frac{+\ +}{+\ +}\right)$, so trifft man in der nachfolgenden F_1-Generation auf einheitlich normalfarbige und normalflüglige Tiere, die dominanten Wild-

typ-Allele haben sich durchgesetzt. Alle Tiere sind für beide Allelpaare heterozygot: $\left(\frac{b\ vg}{+\ +}\right)$. Dieses Ergebnis entspricht dem Uniformitätsgesetz. Diese heterozygoten Tiere werden mit dem rezessiven Elter $\left(\frac{b\ vg}{b\ vg}\right)$ rückgekreuzt. Eigentlich sollte man in der folgenden RF_1-Generation vier verschiedene Merkmalskombinationen erwarten: normalflüglig und normalfarbig, normalflüglig und schwarz, stummelflüglig und schwarz, stummelflüglig und normalfarbig. Doch überraschenderweise treten nur zwei Formen auf: zu je 50% Wildtyp-Fliegen mit normalen Flügeln und normaler Körperfarbe $\left(\frac{b\ vg}{+\ +}\right)$ und Zweifachmutanten mit Stummelflügeln und schwarzer Körperfarbe $\left(\frac{b\ vg}{b\ vg}\right)$.

Dieses Ergebnis läßt sich nur damit erklären, daß die heterozygoten Tiere der F_1-Generation $\left(\frac{b\ vg}{+\ +}\right)$ nur zwei Gametensorten bilden können: solche mit den Genen für black und vestigal (b vg) und solchen mit den Wildtypallelen (+ +). Gameten vom Typ (b +) und (+ vg) sind nicht entstanden. Die Gene vg und b gelangen immer gemeinsam in einen Gameten, sie werden **gekoppelt** weitergegeben. Man schließt daraus, daß sie auf demselben Chromosom liegen. Auch die beiden Wildallele werden gekoppelt weitergegeben, sie liegen ebenfalls auf demselben Chromosom. Sie bilden mit den anderen Genen dieses Chromosoms eine **Kopplungsgruppe**.

In einem di- oder trihybriden Erbgang mit gekoppelten Genen gilt also das Gesetz der Unabhängigkeit der Erbanlagen nicht.

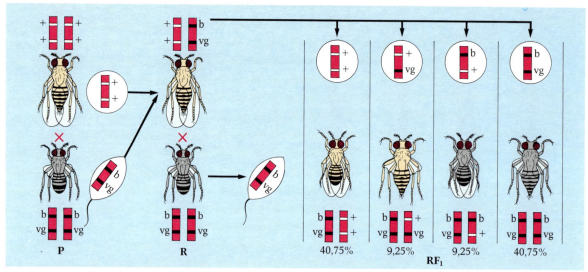

98.1. Entkopplung von Genen bei der Taufliege

5. Anlagen können entkoppelt werden

Kreuzt man black/vestigal-Mutanten $\left(\begin{smallmatrix} b & vg \\ b & vg \end{smallmatrix}\right)$ mit Wild-typ-Fliegen $\left(\begin{smallmatrix} + & + \\ + & + \end{smallmatrix}\right)$, so sind die daraus hervorgehenden Tiere der F_1-Generation durchweg normalfarbig und normalflüglig $\left(\begin{smallmatrix} + & + \\ b & vg \end{smallmatrix}\right)$. Wenn man nun Männchen dieser F_1-Generation mit weiblichen rezessiven Merkmals-trägern $\left(\begin{smallmatrix} b & vg \\ b & vg \end{smallmatrix}\right)$ zurückkreuzt, trifft man zu 50% auf Fliegen mit normaler Körperfarbe und normalen Flü-geln und Zweifachmutanten mit Stummelflügeln und schwarzer Körperfarbe. Dieser Befund wurde auf Seite 97 beschrieben und erklärt: Die Gene b und vg werden gekoppelt weitergegeben.

Ein überraschendes Ergebnis erhält man jedoch, wenn für die Rückkreuzung der reziproke Ansatz gewählt wird: Man kreuzt heterozygote Weibchen $\left(\begin{smallmatrix} + & + \\ b & vg \end{smallmatrix}\right)$ mit schwarzen und stummelflügligen Männchen $\left(\begin{smallmatrix} b & vg \\ b & vg \end{smallmatrix}\right)$. Die Auszählung in der $R\,F_1$-Generation bringt zu je 41% Wildtyp-Fliegen und Zweifachmutanten hervor. Zusätzlich jedoch treten auch Einfachmutanten auf: 9% der Fliegen haben eine schwarze Körperfarbe und weitere 9% der Tiere sind stummelflüglig. Wie ist dieses abweichende Ergebnis zu erklären? Es entstehen For-men, die auch bei freier Kombinierbarkeit der Gene zu erwarten wären. In diesem Fall würde jedoch jede Form mit einer Häufigkeit von 25% auftreten. Im vor-liegenden Beispiel dominieren also eindeutig die For-men, die für die Annahme einer Kopplung der Gene b und vg sprechen: Wildtyp-Fliegen und Zweifachmutan-ten (b vg). Bei 18% der Fliegen ist die Kopplung der Gene b und vg offensichtlich durchbrochen worden, man spricht hier auch von einem *Austausch*. Es treten

Fliegen mit dem Merkmal „schwarze Körperfarbe" oder mit dem Merkmal „stummelflüglig" auf.

Damit eine normalfarbige, aber stummelflüglige Fliege entstehen kann, muß zum Beispiel ein Gamet mit den Allelen b und vg auf einen Gameten des Genotyps + vg treffen. Die zur Rückkreuzung verwendeten Männ-chen der P-Generation sind homozygot für die mutier-ten Allele b und vg, sie können daher lediglich Game-ten mit eben diesen Allelen bilden. Folglich können die Gameten mit dem Genotyp + vg nur von den heterozy-goten Weibchen der F_1-Generation gebildet worden sein. Es liegt also nahe anzunehmen, daß die Kopplung der Gene b und vg bei der Eizellenbildung durchbro-chen wurde.

MORGAN erklärte die Trennung gekoppelter Gene mit der Hypothese des **Crossing-over:** Homologe Chro-mosomen überkreuzen einander. Es kommt zum Bruch und Wiederanwachsen vertauschter Stücke. Mit Hilfe des Mikroskops lassen sich solche Vorgänge aller-dings nicht beobachten.

Die Entkopplung der Gene b und vg könnte man sich nach MORGAN folgendermaßen vorstellen: Die beiden homologen Chromosomen, auf denen die Gene b und vg beziehungsweise die entsprechenden Wildallele lokalisiert sind, umwinden sich. Zwei benachbarte Chromatiden verschiedener Chromosomen brechen an identischen Stellen. Die Bruchstelle liegt zwischen den Genen b und vg beziehungsweise den entspre-chenden Wildallelen. Die entstandenen Bruchstücke verwachsen (fusionieren) über Kreuz. Dadurch befin-

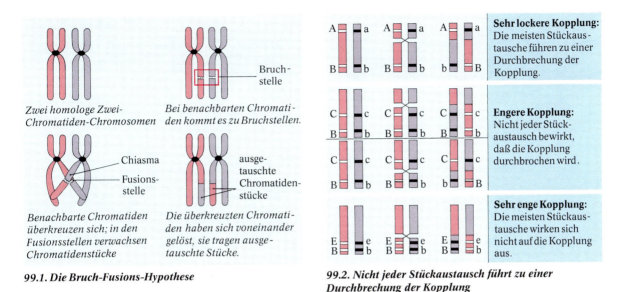

Zwei homologe Zwei-Chromatiden-Chromosomen

Bei benachbarten Chromatiden kommt es zu Bruchstellen.

Bruch-stelle

Chiasma

Fusions-stelle

ausge-tauschte Chromatiden-stücke

Benachbarte Chromatiden überkreuzen sich; in den Fusionsstellen verwachsen Chromatidenstücke

Die überkreuzten Chromatiden haben sich voneinander gelöst, sie tragen ausgetauschte Stücke.

99.1. Die Bruch-Fusions-Hypothese

Sehr lockere Kopplung: Die meisten Stückaustausche führen zu einer Durchbrechung der Kopplung.

Engere Kopplung: Nicht jeder Stückaustausch bewirkt, daß die Kopplung durchbrochen wird.

Sehr enge Kopplung: Die meisten Stückaustausche wirken sich nicht auf die Kopplung aus.

99.2. Nicht jeder Stückaustausch führt zu einer Durchbrechung der Kopplung

---

den sich das Gen b und das Wildallel für die Flügelform (+) auf dem einen Chromatid, das Gen vg und das Wildallel für die Körperfarbe (+) auf dem anderen Chromatid. Die ursprünglich gekoppelten Gene b und vg sind entkoppelt worden. Die so beschriebenen Vorstellungen zum Crossing-over bezeichnet man auch als *Bruch-Fusions-Hypothese.*
Bereits im Jahr 1929 beobachtete JANSEN unter dem Lichtmikroskop die Überkreuzung von Chromatiden homologer Chromosomen in der späten Prophase der Meiose. Diese Überkreuzungen bezeichnet man als **Chiasmata** (Einzahl: Chiasma).
Bei Drosophila-Männchen werden zwar auch Chiasmata beobachtet, ein Austausch von Genen konnte jedoch bisher nicht festgestellt werden. Die Gründe hierfür sind nicht bekannt.

1. Erläutern Sie, warum man gelegentlich bei dem Genaustausch auch von Entkopplung spricht.

2. Klären Sie mit Hilfe der Abbildung 99.2. die Sachverhalte „sehr enge Kopplung" und „sehr lockere Kopplung".

Wir bauen ein Chromosomenmodell zum Crossing-over

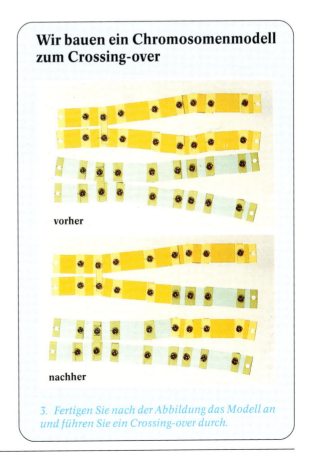

vorher

nachher

3. Fertigen Sie nach der Abbildung das Modell an und führen Sie ein Crossing-over durch.

Riesenchromosomen

100.1. Zuckmückenlarve

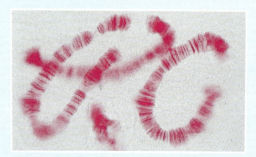

100.2. Riesenchromosom

Untersucht man die Speicheldrüsen von Zuck-mückenlarven lichtmikroskopisch, findet man 300 μm lange und 25 μm breite Chromosomen. Sie sind 100mal größer als sichtbare Chromo-somen der Metaphase. Diese außergewöhn-lich großen Chromosomen bezeichnet man als **Riesenchromosomen.** Sie bestehen aus einem dichtgepackten Bündel entschraubter Chro-matiden. Vermutlich ist diese Vielsträngigkeit dadurch entstanden, daß sich die Chromati-den wiederholt verdoppelt haben, aber nicht getrennt wurden.

In unregelmäßigen Abständen treten *Quer-banden* auf. Dabei handelt es sich wohl um stärker aufgeschraubte Bereiche der einzelnen Chromatiden. Diese Bereiche bezeichnet man als *Chromomeren.* Hier ist etwa ⁹/₁₀ der DNA-Gesamtmenge lokalisiert. Jedes Riesenchro-mosom ist gekennzeichnet durch ein spezifi-sches *Querbandenmuster.*

An einigen Stellen ist dieses Muster aufgelok-kert. Das Chromosom weist eine Aufblähung auf, die man als *Puff* bezeichnet. Es gilt als si-cher, daß hier die Chromatiden entschraubt sind und intensive Transkriptionsprozesse ab-laufen.

RF₁:	♀	b	cn	vg	×	♂	b	cn	vg
		+	+	+			b	cn	vg

RF₂:	Phänotyp			Häufigkeit in %	
	b	cn	vg	40,0	} 81,3
	+	+	+	41,3	
	b	+	vg	0,05	} 0,1
	+	cn	+	0,05	
	+	+	vg	4,5	} 9,8
	b	cn	+	5,3	
	+	cn	vg	4,0	} 8,8
	b	+	+	4,8	

100.3. Rückkreuzung bei einem trihybriden Erbgang

6. Jedes Gen hat einen festen Locus

Durch Kreuzungsversuche läßt sich belegen, daß zwei oder mehrere Gene gekoppelt weitergegeben werden, also auf demselben Chromosom liegen. Läßt sich auch ihr gegenseitiger Abstand auf dem Chromosom ermit-teln?

Zur Klärung dieser Frage kreuzt man weibliche Tauflie-gen des Wildtyps mit Männchen einer Dreifach-mutante. Diese ist z.B. gekennzeichnet durch eine schwarze Körperfarbe (b), durch zinnoberrote Augen (cn) und durch Stummelflügligkeit (vg). Beide Stämme sind reinerbig. Der nachfolgenden Generation, die die Wildtypmerkmale trägt, entnimmt man Weibchen und kreuzt sie mit Männchen des Typs „b cn vg". Das Ergeb-nis dieser Rückkreuzung ist in Abb. 100.3. festgehalten. Es fällt auf, daß die Wildtyp-Fliegen und die Dreifach-mutanten vorherrschen, sie machen zusammen 81,3% der Nachkommen aus. Die drei Gene b, cn und vg wer-den offensichtlich gekoppelt weitergegeben. Die ande-ren sechs Formen können nur durch Austauschvor-gänge entstanden sein. Dabei ist nicht zu übersehen, daß die Formen „b + vg" und „+ cn +" besonders sel-ten sind. Ihr Anteil macht lediglich 0,1% aus. Wie ist diese geringe Häufigkeit zu erklären?

Austauschvorgänge kommen durch Crossing-over zu-stande. Crossing-over sind seltene Ereignisse. Noch seltener ist der Fall, daß zwei Crossing-over zugleich stattfinden. Andererseits sind zwei Crossing-over erfor-derlich, um ein mittleres Gen von zwei äußeren Genen zu entkoppeln. Das besonders seltene Vorkommen der Formen „b + vg" und „+ cn +" wird nun verständlich,

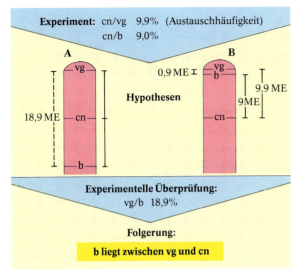

101.1. Dreipunktanalyse

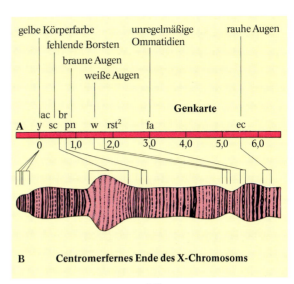

101.2. Genkarte von Drosophila

wenn man annimmt, daß das Gen cn zwischen den Genen b und vg liegt.

Die Formen „+ + vg" und „b cn +" sind mit 9,8% wesentlich häufiger vertreten. Hier reicht ein Crossingover aus, um die Gene cn und vg zu entkoppeln. Auch die Formen „+ cn vg" und „b + +" treten mit 8,8% relativ häufig auf. Sie kommen dadurch zustande, daß durch ein Crossing-over die Gene cn und b entkoppelt wurden. Wenn man nun die Austauschhäufigkeiten für die Gene cn und vg beziehungsweise cn und b angeben will, muß man die Austauschvorgänge durch die Doppel-Crossing-over zusätzlich berücksichtigen. Folglich errechnet sich die Austauschhäufigkeit für die Gene cn und vg: 9,8% + 0,1% = 9,9%. Für die Gene cn und b erhält man: 8,8% + 0,1% = 8,9%.

Diese unterschiedlichen Austauschhäufigkeiten lassen sich gut erklären, wenn man von einer linearen Anordnung der Gene auf einem Chromosom ausgeht. Dann ist die Häufigkeit des Austausches zweier Gene ein Maß für ihre relative Entfernung. Die beiden Gene cn und vg werden mit 9,9% häufiger ausgetauscht als die Gene cn und b (8,9%). Folglich liegen die Gene cn und vg weiter auseinander als die Gene cn und b.

Die Austauschhäufigkeit von einem Prozent ist als eine *MORGAN-Einheit* (ME) festgelegt. Die Gene cn und vg sind als 9,9 ME voneinander entfernt; bei den Genen cn und b sind es 8,9 ME.

Mit Hilfe der **Dreipunktanalyse** kann man überprüfen, ob das Gen cn tatsächlich zwischen den Genen b und vg liegt. Dazu verrechnet man die Austauschhäu-

figkeiten der drei gekoppelten Gene durch Addition oder Subtraktion miteinander. Beträgt der Austauschwert für die Gene cn und vg 9,9 ME und der Wert für die Gene cn und b 8,9 ME, so errechnet sich der Wert für die Gene vg und b als Summe (9,9 ME + 8,9 ME = 18,6 ME) oder Differenz (9,9 ME − 8,9 ME = 1 ME). Die Kreuzungsergebnisse bestätigen den Wert 18,6 ME. Folglich liegt der Ort für das Gen cn, der **Genlocus**, zwischen den Genorten für die Gene b und vg. Mit Hilfe dieses Verfahrens lassen sich *relative Genkarten* erstellen; absolute Abstände kann man nur mit Hilfe anderer Methoden ermitteln.

1. Welche Formen der in Abbildung 100.3. dargestellten RF_2-Generation sind darauf zurückzuführen, daß die Gene b und vg ausgetauscht wurden?

2. Die Gene A und B sind 7,5 ME voneinander entfernt, die Gene A und C 10 ME. Die Austauschhäufigkeit für die Gene B und C beträgt 2,5 ME. Geben Sie die Reihenfolge der Gene an.

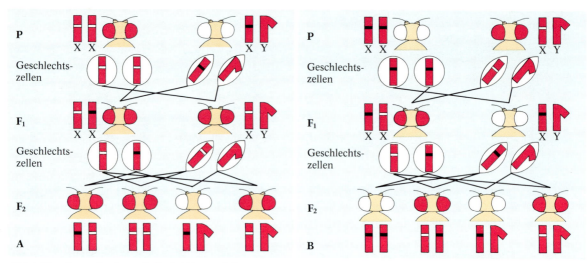

102.1. Vererbung der Augenfarbe bei Drosophila. *A Rotäugige Weibchen werden mit weißäugigen Männchen gekreuzt;*
B reziproker Ansatz.

7. Gene auf dem X-Chromosom

Die Drosophila-Mutante „white" hat weiße Augen, der
Wildtyp dagegen rote. Kreuzt man rotäugige Weibchen
mit weißäugigen Männchen, so sind die Tiere der F_1-
Generation durchweg rotäugig. Durch Kreuzung dieser F_1-Fliegen erhält man in der F_2-Generation zu 25%
rotäugige Männchen, 25% weißäugige Männchen und
50% rotäugige Weibchen, also keine weißäugigen Weibchen.
Im reziproken Ansatz geht man von weißäugigen Weibchen und rotäugigen Männchen aus. Die F_1-Genera-
tion bringt überraschenderweise zu je 50% rotäugige
Weibchen und weißäugige Männchen. Die nachfolgende F_2-Generation spaltet zu je 25% in rotäugige
und weißäugige Weibchen und rotäugige und weißäugige Männchen. Wie lassen sich die von der Spal-
tungsregel abweichenden Ergebnisse erklären?

Bei normaler MENDEL-Spaltung hätte man unter den
rot- und weißäugigen Tieren jeweils 50% Weibchen
und 50% Männchen erwartet. Im ersten Ansatz ist
zwar die F_1-Generation uniform rotäugig, und auch die
F_2-Generation spaltet rotäugig-weißäugig im Verhältnis 3:1 auf. Doch die weißäugigen Tiere sind ausschließlich Männchen.
Im zweiten Ansatz ist die F_1-Generation nicht uniform.
Die F_2-Generation spaltet im Verhältnis 50% rotäugig
zu 50% weißäugig und weicht damit von der erwarte-
ten Aufspaltung von 3:1 ab. Ein Vergleich beider Ansätze zeigt zudem, daß reziproke Kreuzungen zu unterschiedlichen Aufspaltungen führen.

Offensichtlich ist das Gen „rotäugig" dominant über
das Gen „weißäugig": Rotäugige Weibchen haben mit
weißäugigen Männchen durchweg rotäugige Nachkommen. Zusätzlich hängt die Vererbung des Merk-
malsunterschieds rotäugig-weißäugig mit der Geschlechtsausbildung zusammen.
Die Ausbildung des Geschlechts ist bei den meisten Organismen von bestimmten Chromosomen abhängig.
Häufig kommt der XY-Typus vor, den man zum Beispiel
beim Menschen, bei der Taufliege und auch bei der
Lichtnelke vorfindet. Im weiblichen Geschlecht liegt
ein Paar gleicher Chromosomen vor, die beiden *X-*
Chromosomen. Bei männlichen Organismen besteht
dieses Chromosomenpaar aus zwei ungleichen Part-
nern, aus einem X-Chromosom und einem *Y-Chromo-*
som. Bei der Taufliege ist dies etwas anders. Das Y-
Chromosom kann fehlen, einfach oder mehrfach vorhanden sein. Entscheidend für die Ausbildung des
männlichen Geschlechts ist, daß nur ein X-Chromosom vorhanden ist.
Im weiblichen Geschlecht wird hinsichtlich der Gonosomen nur eine Gametensorte gebildet: sie enthalten
ein X-Chromosom. Das männliche Geschlecht bildet
dagegen zwei Sorten von Gameten: zu je 50% Gameten mit einem X-Chromosom und Gameten mit einem
Y-Chromosom. Trifft ein Spermium mit einem X-Chromosom auf eine Eizelle, so entsteht ein weiblicher
Organismus. Wird eine Eizelle von einem Spermium
mit einem Y-Chromosom befruchtet, kommt es zur Ausbildung des männlichen Geschlechts.

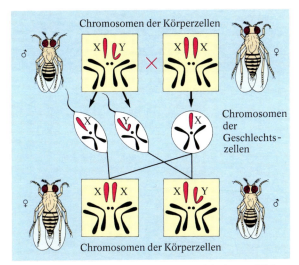

Chromosomen der Körperzellen

Chromosomen der Geschlechtszellen

Chromosomen der Körperzellen

103.1. Gonosomenverteilung und Geschlechtsausbildung bei Drosophila

Mit Hilfe dieser Befunde läßt sich eine Hypothese entwickeln, um die auf Seite 102 beschriebenen Kreuzungsergebnisse zu erklären. Die Allele für die Augenfarbe liegen auf nur einem Chromosom des Gonosomenpaares, und zwar auf dem X-Chromosom; das Y-Chromosom trägt diese Information nicht. Man spricht daher von **X-Chromosomen-gebundener Vererbung.** So wird zum Beispiel die F_1-Generation des zweiten Ansatzes verständlich. Die weißäugigen Weibchen tragen das zugrunde liegende Allel zweifach $\left(\frac{w}{w}\right)$, die rotäugigen Männchen dagegen das entsprechende Wildallel nur einfach $(\pm)$, da das X-Chromosom nur einfach vorliegt. Die Spermien der Männchen enthalten zu je 50% ein X-Chromosom mit dem Wildallel $(+)$ und ein Y-Chromosom ohne ein Allel für die Augenfarbe. Die Eizellen der weißäugigen Weibchen enthalten durchweg das mutierte Allel (w). Es entstehen rotäugige Weibchen, wenn die Eizellen von einem Spermium mit dem Wildallel befruchtet werden, da dieses dominant ist. Weißäugige Männchen sind zu erwarten, wenn Spermien ohne Allel für die Augenfarbe auf eine Eizelle treffen. Das eigentlich rezessive Allel (w) setzt sich durch, obwohl es nicht zweifach, also homozygot vorhanden ist. Es liegt *Hemizygotie* vor.

Ausnahmetiere

Wenn man weißäugige Drosophila-Weibchen mit rotäugigen Männchen kreuzt, treten in der nachfolgenden Generation je zur Hälfte rotäugige Weibchen und weißäugige Männchen auf. Dieses Ergebnis ist gut mit Hilfe der Hypothese der X-Chromosomen-gebundenen Vererbung zu erklären. Doch unter 2000–3000 normalen Tieren der F_1-Generation findet man auch 1–2 *Ausnahmetiere*: weißäugige Weibchen und rotäugige Männchen. Wie ist deren Auftreten zu erklären?

Cytologische Untersuchungen ergeben, daß die weißäugigen Ausnahmeweibchen 2 X- und 1 Y-Chromosom haben, also 1 Chromosom mehr als normale Tiere. Rotäugige Ausnahmemännchen haben nur 1 X-Chromosom und kein Y-Chromosom, also 1 Chromosom weniger als normale Tiere.

Weißäugige Ausnahmeweibchen können ihre beiden X-Chromosomen nur von der weißäugigen Mutter mitbekommen haben, denn ein vom rotäugigen Vater stammendes X-Chromosom würde das dominante Wildallel tragen und somit Rotäugigkeit bewirken. Die Eizellen, aus denen weißäugige Ausnahmeweibchen hervorgegangen sind, müssen also 2 X-Chromosomen enthalten haben. Normalerweise enthalten Eizellen jedoch nur 1 X-Chromosom. Folglich muß bei der Bildung der Eizellen, die 2 X-Chromosomen enthalten, eine Unregelmäßigkeit unterlaufen sein. Man vermutet, daß es in der Anaphase I zu einem Nichttrennen der beiden X-Chromosomen kam. Man spricht auch von einem *Non-disjunction*. Somit entstehen Eizellen mit 2 X-Chromosomen und solche ohne X-Chromosomen. Die Befruchtung von Eizellen mit 2 X-Chromosomen durch ein Spermium mit 1 Y-Chromosom führt zu weißäugigen Ausnahmeweibchen. Zygoten ohne X-Chromosom entwickeln sich nicht zu lebensfähigen Tieren.

1. Erklären Sie das Zustandekommen rotäugiger Ausnahmemännchen.

2. Überprüfen Sie mit Hilfe der Untersuchungsergebnisse folgende Hypothese: Die Geschlechtsbestimmung bei Drosophila beruht auf dem Mengenverhältnis zwischen X-Chromosomen und Autosomensätzen.

104.1. Rotkörniger und weißkörniger Weizen

Anzahl der dominanten Allele	mögliche Genotypen	
0	aabbcc	
1	Aabbcc, aaBbcc, aabbCc	
2	AaBbcc, AabbCc, aaBbCc,\nAAbbcc, aaBBcc, aabbCC	
3	AaBbCc, AabbCC, AaBBcc,\nAABbcc, AAbbCc, aaBbCC\naaBBCc	
4	AaBbCC, AaBBCc, AABbCc,\nAAbbCC, AABBcc, aaBBCC	
5	AaBBCC, AABBCc, AABBCC	
6	AABBCC	Abnahme der Intensität der Rotfärbung

104.2. Drei Allelenpaare bestimmen die Rotfärbung des Weizenkorns

8. Mehrere Gene bestimmen ein Merkmal

Kreuzt man rotkörnigen Weizen mit weißkörnigem Weizen, so erhält man in der F_1-Generation Weizenpflanzen mit schwach rotgefärbten Körnern. Offensichtlich handelt es sich um einen intermediären Erbgang. Die F_1-Pflanzen werden nun miteinander gekreuzt. In der nachfolgenden F_2-Generation trifft man auf Pflanzen mit weißen Körnern und Pflanzen mit roten Körnern; diese Formen wären bei einem intermediären Erbgang mit je 25% zu erwarten. Auch Weizenpflanzen mit schwach rot gefärbten Körnern wie in der F_1-Generation treten auf. Doch zusätzlich wachsen Pflanzen heran, deren Körner schwächer oder stärker rot gefärbt sind als die der F_1-Generation. Insgesamt bringt die F_2-Generation 7 Formen hervor: eine Form mit weißen Körnern und sechs Formen mit Körnern unterschiedlich intensiver Rotfärbung. Wie ist diese ungewöhnliche Aufspaltung zu erklären?

Die Vielzahl der Formen deutet darauf hin, daß mehrere Gene an der Ausbildung des Merkmals Samenfarbe beteiligt sind. Genauere Untersuchungen ergaben, daß das Merkmal von 3 Genpaaren gesteuert wird. Die Intensität der Rotbildung ist um so größer, je mehr dominante Allele dieser 3 Genpaare im Genotyp einer Pflanze vereinigt sind. Pflanzen mit 6 dominanten Allelen (AABBCC) bilden besonders viel Farbstoff wie zum Beispiel der rotkörnige Weizen aus der P-Generation. Pflanzen ohne dominante Allele (aabbcc) synthetisieren keinen roten Farbstoff, sie tragen weiße Körner. Bei den anderen rotkörnigen Pflanzen treten in Hinblick auf die Intensität der Rotfärbung gra-

duierte Unterschiede auf, die von der Anzahl der dominanten Allele für dieses Merkmal abhängen (s. Abb. 104.2.).

Es wirken also mehrere Gene bei der Ausbildung eines Merkmals mit. Man bezeichnet diesen Sachverhalt als **Polygenie**. Im Beispiel der Körnerfärbung kommt hinzu, daß die beteiligten Genpaare gleichsinnig wirken und sich in ihrer Wirkung verstärken. Dies bezeichnet man als **additive Polygenie.** Weitere Beispiele für ein derartiges Zusammenwirken von Genen sind: Körpergröße des Menschen, Kartoffelkäferresistenz der Kartoffel.

Eine andere Form des Zusammenwirkens mehrerer Gene läßt sich bei der Hülsenfarbe von Erbsenpflanzen beobachten. Kreuzt man zwei Sorten mit normalgrünen Hülsen, so können in der F_1-Generation überraschend Pflanzen mit violetten Hülsen auftreten. Diese Erbsen werden nun untereinander gekreuzt. Das Spaltungsergebnis in der F_2-Generation läßt sich auf den ersten Blick nicht mit den bekannten Gesetzmäßigkeiten erklären: Pflanzen mit grünen Hülsen sowie solche mit violetten Hülsen treten im Verhältnis 9:7 auf.

Diese Ergebnisse lassen sich mit Hilfe folgender Hypothese erklären: Zwei dominante Gene (VL) ergänzen einander bei der Ausbildung des Merkmals „violette Hülsenfarbe". Die beiden Sorten der P-Generation enthalten jeweils nur eins der beiden Gene, das allein nicht wirksam werden kann. Folglich können die Pflanzen keinen violetten Farbstoff bilden, ihre Hülsen

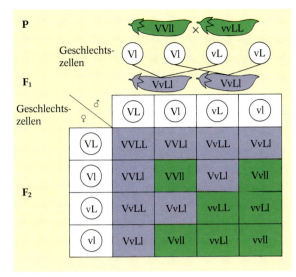

105.1. Komplementäre Polygenie

Die Vererbung der Hautfarbe beim Menschen

Aus Ehen zwischen Weißen und Negern gehen Mischlingskinder hervor, man spricht auch von Mulatten. Ihre Hautpigmentierung liegt etwa zwischen der der Eltern. Das deutet auf intermediäre Vererbung hin. Die Kinder eines Mulattenehepaares können alle Abstufungen der Hautfarbe von schwarz bis weiß haben. Besonders häufig sind Kinder mit mittelbraunen Farbtönen, sehr selten haben Mulattenehepaare Kinder mit weißer oder schwarzer Hautfarbe. Dieses Ergebnis widerspricht den Erwartungen eines intermediären Erbgangs und der Annahme, daß ein Allelpaar für die Pigmentierung verantwortlich ist. Welche genetischen Grundlagen sind für die Pigmentierung verantwortlich?

Die Hautfarbe der einzelnen Rassen ist nicht auf verschiedene Hautpigmente zurückzuführen. Vielmehr ist die unterschiedliche Pigmentierung von Weißen und Negern damit zu erklären, daß Neger einen höheren Hautpigmentanteil in den Hautzellen aufweisen als Weiße. Nach einer Hypothese von DAVENPORT sind zwei Genpaare für die Pigmentierung verantwortlich. Beide Genpaare haben eine gleichsinnige Wirkung, sie fördern die Pigmentbildung. Die Allele eines Genortes bewirken die Bildung unterschiedlicher Pigmentmengen. Der Einfluß auf die Pigmentbildung sei bei den Allelen A und B durch den Faktor 2 charakterisiert, für die Allele a und b durch den Faktor 1.

1. Entwickeln Sie ein Schema zur Vererbung der Hautfarbe für den Fall, daß eine Weiße (aabb) und ein Neger (AABB) Kinder haben.

2. Entwickeln Sie für die F$_2$-Generation ein Kombinationsquadrat und entnehmen Sie diesem, wieviele Farbabstufungen möglich sind. Ermitteln Sie deren Häufigkeit.

3. DAVENPORT konnte bei seinen Untersuchungen auf Jamaika unter 32 Kindern der zweiten Generation immerhin drei Kinder als eindeutig weiß einstufen. Sprechen diese Befunde für die von anderen Forschern vertretene Annahme, daß viele Genpaare an der Ausbildung der Hautfarbe beteiligt sind?

sind grün. In den Pflanzen der F$_1$-Generation liegen die beiden Gene in heterozygoten Zustand vor (VvLl), sie können einander ergänzen bei der Bildung des violetten Farbstoffs. Die Hülsen der F$_1$-Pflanzen sind violett. In der nachfolgenden F$_2$-Generation tragen jeweils die Pflanzen violette Hülsen, bei denen die beiden dominanten Gene (VL) homozygot oder heterozygot vorliegen: VVLL, VVLl, VvLL, VvLl. Solche Genkonstellationen sind in 9 der 16 Kombinationsmöglichkeiten gegeben, in 7 Fällen fehlt eins der beiden dominanten Gene, die Hülsen der jeweiligen Pflanzen sind grün.

Es sind also auch im vorliegenden Beispiel mehrere Gene an der Ausbildung eines Merkmals beteiligt. Kennzeichnend ist jedoch, daß jedes Gen für sich das Merkmal nicht hervorbringt; nur durch das gemeinsame Vorhandensein und die einander ergänzende Wirkung der beteiligten Gene kommt es zur Merkmalsausprägung. Man spricht folgerichtig von **komplementärer Polygenie**. Erst durch das Zusammenwirken der *komplementären Gene V* und *L* wird der violette Farbstoff in der Hülsenwand gebildet.

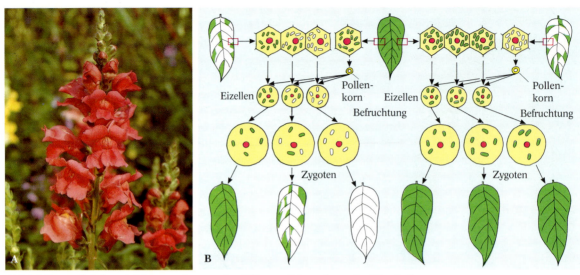

106.1. Löwenmäulchen. *A Pflanze mit normalen Blättern; B Vererbung der Blattfarbe*

9. Gene außerhalb des Zellkerns

Beim Löwenmäulchen treten gelegentlich Pflanzen mit weiß-grün gescheckten Blättern auf. An solchen Pflanzen bilden sich Sprosse mit weißen Blättern und auch Sprosse mit grünen Blättern. Man kann nun die Blüten an den verschiedenfarbigen Sprossen miteinander kreuzen. Wenn man die Blüten grüner Sprosse untereinander kreuzt, so erhält man Nachkommen mit grünen Blättern. Die Kreuzung von Blüten weißblättriger Sprosse untereinander führt ausschließlich zu Pflanzen mit weißen Blättern. Diese Pflanzen sind allerdings nicht lebensfähig.

Bestäubt man die Blüte eines weißblättrigen Sprosses mit Pollen aus der Blüte eines grünen Sprosses, so erhält man Pflanzen mit weißen Blättern. Im reziproken Ansatz wird die Blüte eines grünen Sprosses mit Pollen eines weißblättrigen Sprosses bestäubt: Die aus der Befruchtung hervorgehenden Löwenmäulchen tragen grüne Blätter. Die Nachkommen solcher Kreuzungen gleichen in der Blattfarbe immer der mütterlichen Pflanze. Man spricht daher auch von *mütterlicher Vererbung.* Wie ist diese Erscheinung zu erklären?

Unter dem Mikroskop erkennt man, daß die große plasmareiche Eizelle auch Plastiden enthält. In den plasmaarmen Spermazellen im Pollenschlauch dagegen sind keine Plastiden nachzuweisen. Zusätzliche biochemische Untersuchungen ergeben, daß Plastiden DNA-haltig sind und daß in ihnen Proteinbiosynthese abläuft. Mit Hilfe dieser Befunde lassen sich die Unter-

schiede bei den reziproken Kreuzungen gut erklären: Auf der DNA der Plastiden liegen Gene für die Synthese von Chlorophyll. Solche Gene, die außerhalb des Zellkerns vorkommen, bezeichnet man als **extrachromosomale Gene.** Die Eizelle eines grünen Sprosses enthält also Plastiden mit Genen für die Chlorophyllsynthese. Die bei der Bestäubung verwendeten Pollen übertragen keine Plastiden und somit auch keine genetische Information für die Chlorophyllsynthese. Folglich bilden die Nachkommen grüne Blätter aus wie die Mutterpflanze. Im reziproken Ansatz finden sich in der Eizelle eines weißblättrigen Sprosses Plastiden, die keine Gene für die Ausbildung von Chlorophyll enthalten. Bei der Befruchtung durch plastidenfreie Spermazellen grüner Sprosse werden keine Gene für die Chlorophyllsynthese übertragen. Die Blätter der Nachkommen sind weiß wie die Blätter der Mutterpflanze.

Nun wird auch verständlich, warum an einer Löwenmaulpflanze mit weiß-grün gescheckten Blättern Sprosse mit weißen Blättern und solche mit grünen Blättern wachsen. Ursprünglich enthielten alle Zellen der weiß-grün gescheckten Pflanze neben normalen grünen auch defekte farblose Plastiden. Bei der Teilung solcher Zellen werden die Plastiden rein zufällig auf die Tochterzellen verteilt. Dabei kann es passieren, daß in die eine Tochterzelle nur defekte farblose Plastiden gelangen. Die farblosen Plastiden vermehren sich durch Zweiteilung und werden bei den anschließenden Teilungen auf die Tochterzellen verteilt. So kann es

107.1. Maultiere

zur Bildung eines Sprosses kommen, dessen Zellen nur defekte Plastiden enthalten. Die Blätter eines solchen Sprosses erscheinen weiß. Ähnlich ist die Entstehung grünblättriger Sprosse an einer weiß-grünen Pflanze zu erklären.

1. Wie ist die Entstehung weiß-grün gescheckter Sprosse zu erklären?

2. Kreuzt man eine Pferdestute mit einem Eselhengst, so geht daraus ein Maultier hervor. Die reziproke Kreuzung zwischen einem Pferdehengst und einer Eselstute führt zu einem Maulesel. Dieser ist schwächer und kleiner als das Maultier. Erklären Sie die Unterschiede dieser reziproken Kreuzungen.

3. Bei Bakterien findet man im Grundplasma ringförmige DNA-Moleküle. Man bezeichnet sie als Plasmide. Auf ihnen liegen zum Beispiel Gene für die Resistenz gegenüber bestimmten Antibiotika. Kann man diese Gene auch als extrachromosomale Gene bezeichnen (vergleiche Abb. 28.2.)?

Killereigenschaft bei Pantoffeltierchen

Bei Pantoffeltierchen gibt es sogenannte Killertiere. Sie scheiden den Stoff Paramecin aus. Andere Pantoffeltierchen sind dagegen empfindlich. Sie können durch Paramecin getötet werden. Im Plasma der Killertiere befinden sich DNA-haltige Partikel, die als Kappa-Partikel bezeichnet werden. Sie vermehren sich durch Teilung. Die Teilung der Kappa-Partikel wird von einem Gen K des Zellkerns gesteuert. Bringt man Killertiere mit empfindlichen Tieren zusammen, kann es zur Konjugation kommen. Zwei Zellen legen sich aneinander und tauschen Kernmaterial aus, so daß die Tiere heterozygot werden (Kk). Nun isoliert man die Tiere wieder. Aus den heterozygoten Killertieren entstehen durch weitere Konjugationen neben homozygoten KK-Tieren mit Kappa-Partikeln auch homozygote kk-Tiere mit Kappa-Partikeln. Vermehren sich die kk-Tiere durch Querteilungen, nimmt die Anzahl der Kappa-Partikel nach und nach ab. Denn unter dem Einfluß des k-Allels findet keine Teilung und Vermehrung der Kappa-Partikel statt. Die Killertiere werden empfindlich.

Die heterozygoten empfindlichen Tiere entwickeln sich durch Konjugation unter anderem zu homozygoten KK-Tieren. Diese werden jedoch nie zu Killertieren. Denn sie haben keine Kappa-Partikel, und diese können nicht neu entstehen.

Lange Zeit war man der Meinung, daß es sich bei den Kappa-Partikeln um Gene des Plasmas handele. Neuere Untersuchungen belegen, daß die Kappa-Partikel Bakterien sind, die im Verlaufe der Entwicklungsgeschichte in das Zellplasma der Pantoffeltierchen eingeschlossen wurden. Der giftige Stoff Paramecin muß dann als Stoffwechselprodukt dieser Bakterien angesehen werden.

4. Wodurch unterscheidet sich die Vererbung der Killereigenschaft von der Vererbung der Blattfarbe beim Löwenmäulchen?

5. Warum verlieren die Nachkommen der kk-Tiere mit Kappa-Partikeln nach und nach diese Partikel?

Die Vererbung beim Menschen

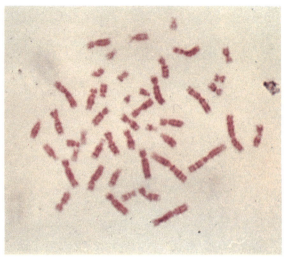

108.1. Ungeordneter Chromosomensatz einer weißen Blutzelle

1. Das Karyogramm des Menschen

WATSON und CRICK gelang es 1953, die komplizierte Struktur der DNA aufzuklären. Hätte man die Forscher derzeit nach der Anzahl der Chromosomen in menschlichen Zellen gefragt, so hätten sie die Zahl 48 angegeben. Erst im Jahr 1956 wurde die genaue Zahl von 46 gefunden. Wie ist die späte Entdeckung des genauen Chromosomensatzes zu erklären?

Chromosomen sind besonders während der Mitose in der Metaphase zu erkennen. Diese Phase entspricht jedoch nur 1% der Zellzyklusdauer und ist somit nicht leicht zu treffen. Hinzu kommen Schwierigkeiten bei der Präparation; so muß man zum Beispiel das Überlagern von Zellen vermeiden. Zur Darstellung menschlicher Chromosomen hat sich folgende Präparationstechnik bewährt: Einer Kultur von weißen Blutzellen werden einige Zellen entnommen und mit Colchicin behandelt. Dieses Zellgift der Herbstzeitlose verhindert ein Trennen der Chromosomen in der Anaphase, so daß die Chromosomen im Metaphasezustand vorliegen. Anschließend werden die Zellen in einer hypotonischen Lösung zum Platzen gebracht. Nach dem Anfärben kann man den ungeordneten Chromosomensatz einer weißen Blutzelle unter dem Mikroskop betrachten und fotografieren. Aus einer solchen Fotografie werden die einzelnen Chromosomen herausgeschnitten. Sie werden nach ihrer Größe und nach Lage des Centromers durchnumeriert und zu Gruppen zusammengestellt. In dem so erhaltenen **Karyogramm** zählt man insgesamt 46 Chromosomen. Dabei fällt auf, daß jeweils zwei Chromosomen ein Paar bilden. Diese in Form und Größe sehr ähnlichen Chromosomen bezeichnet man als *homologe Chromosomen*. Im Karyogramm eines Mannes erkennt man 22 solcher Chromosomenpaare. Man nennt sie **Autosomen.** Hinzu kommen zwei weitere, unterschiedlich gestaltete Chromosomen: ein kleineres *Y-Chromosom* und ein größeres *X-Chromosom*, die als *Geschlechtschromosomen* oder **Gonosomen** bezeichnet werden. Im Karyogramm einer Frau zählt man 22 Autosomenpaare und zwei X-Chromosomen.

Zur genauen Unterscheidung der Chromosomen verwendet man spezielle Färbetechniken. So entstehen zum Beispiel nach Behandlung mit dem Farbstoff Giemsa Bandenmuster auf den Chromosomen. Solche Muster sind für jedes einzelne Chromosom charakteristisch und ermöglichen somit eine Identifizierung von Chromosomen. Auch lassen sich an so gefärbten Chromosomen Defekte und Anomalien erkennen.

1. Die Autosomen werden mit abnehmender Größe von 1 bis 22 durchnumeriert. An welcher Stelle ist dieses Prinzip durchbrochen?

2. Für die Präparation von Chromosomen verwendet man vorzugsweise Gewebe mit einer hohen Mitoserate. Erklären Sie diesen Sachverhalt.

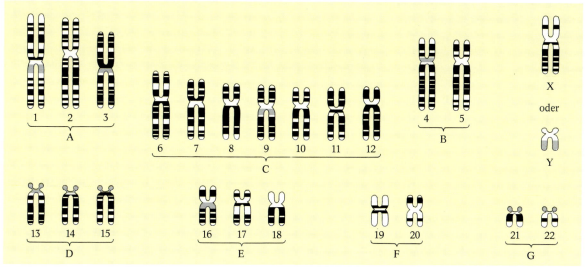

109.1. Schematische Darstellung des haploiden menschlichen Chromosomensatzes

Darstellung menschlicher Chromosomen

Es hat sich folgende Methode bewährt:

A. Blutentnahme: Eine Hämostylette wird in eine gereinigte Fingerkuppe gestochen; mit einer Pipette werden einige Blutstropfen aufgesogen.

B. Ansetzen einer Gewebekultur: Das Blut wird zu einem Kulturmedium gegeben, das die roten Blutkörperchen verklumpt und die weißen Blutkörperchen zu Mitosen anregt. Ein solcher Ansatz wird bei 37 °C für 3 Tage bebrütet.

C. Stoppen der Mitosen: Durch Zugabe von Colchicin-Lösung werden die Mitosen gestoppt.

D. Abtrennen der roten Blutkörperchen: Die Blutzellenkultur wird zentrifugiert. Der Überstand wird verworfen, zum Sediment gibt man eine stark verdünnte KCl-Lösung. Dadurch platzen die roten Blutkörperchen. Es wird wiederum zentrifugiert. Im Sediment befinden sich die aufgequollenen weißen Blutzellen.

E. Fixieren: Die weißen Blutzellen werden in einem Gemisch aus Methanol und Eisessig fixiert.

Anschließend wird zentrifugiert und der Überstand verworfen.

F. Spreiten der Chromosomen: Mit einer dünnen Pipette werden die im Sediment befindlichen weißen Blutzellen aufgenommen. Aus einigen Zentimetern Entfernung läßt man sie auf die Oberfläche eines Objektträgers fallen. Dabei platzen die weißen Blutzellen. Das Lösungsmittel läßt man verdunsten.

G. Färben der Chromosomen: Das getrocknete Präparat wird in eine GIEMSA-Lösung gestellt und später mit Leitungswasser abgespült.

H. Mikroskopieren: Die Präparate werden zunächst bei 100facher Vergrößerung durchgemustert. Man sucht nach guten Metaphaseplatten (kreisförmig ausgebreitet, vollzähliger Chromosomensatz, X-Form der Chromosomen). Bei 800facher Vergrößerung wird die Metaphaseplatte fotografiert.

3. Erläutern Sie die Wirkung der zugesetzten KCl-Lösung in Schritt D.

4. Warum läßt man die weißen Blutzellen auf die Oberfläche eines Objektträgers fallen?

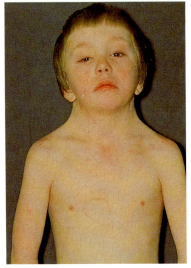

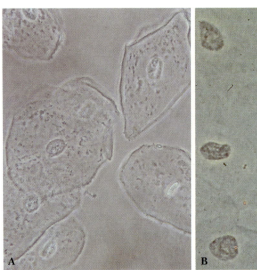

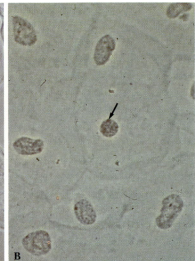

110.1. Ein TURNER-Mädchen   **110.2. Zellen der Mundschleimhaut.** A TURNER-Mädchen; B gesunde Frau

2. Chromosomenaberrationen – Chromosomen werden falsch verteilt

Das achtzehnjährige Mädchen ist nur knapp 1,45 m groß. Auffällig sind die flughautartigen Falten beiderseits des Halses. Die Unterarme sind nach außen abgewinkelt, man spricht von X-Ellenbogen. Die äußeren Geschlechtsorgane sind noch so entwickelt wie bei einem Mädchen vor der Pubertät. Die Menstruation tritt noch nicht auf. Eine Untersuchung beim Frauenarzt hat ergeben, daß die Eierstöcke in ihrer Entwicklung gestört sind. Follikel sind noch nicht entwickelt, Eierstockhormone werden nicht gebildet. Das Mädchen ist offensichtlich krank. Man bezeichnet diese Krankheit als TURNER-Syndrom. Wodurch wird sie verursacht?
Zur Klärung dieser Frage untersucht man Zellen der Mundschleimhaut. Die Zellen werden mit einem Holzspatel von der Wangeninnenseite abgeschabt und auf einen Objektträger gebracht. Nach der Fixierung in Methanol werden die Zellen in Karbolfuchsinlösung gefärbt. Bei der gesunden Frau tragen die gefärbten Zellkerne ein meist am Rand liegendes Körperchen. Es wird als *BARR-Körperchen* bezeichnet. Bei einem TURNER-Mädchen fehlt es.
Nach einer Hypothese von LYON wird in der frühen Embryonalentwicklung einer gesunden Frau eines der beiden X-Chromosomen inaktiviert. Es entschraubt sich in der Interphase nicht vollständig und kann somit durch Anfärben sichtbar gemacht werden. Wenn nur ein X-Chromosom vorhanden ist wie bei einem Mann, wird kein BARR-Körperchen ausgebildet. Auch bei einem TURNER-Mädchen ist kein BARR-Körperchen nachzuweisen. Die Auswertung eines Karyo-

gramms ergibt: Ein TURNER-Mädchen hat 22 Autosomenpaare und tatsächlich nur ein X-Chromosom. Eine solche Veränderung der Zahl der Chromosomen bezeichnet man als **numerische Chromosomenaberration.** Im Falle des TURNER-Syndroms spricht man von einer **XO-Monosomie.** Wie kommt es dazu?

Meistens sind die Eltern von Patienten, die an einer numerischen Chromosomenaberration leiden, gesund. Es handelt sich also nicht um eine ererbte Eigenschaft. Man vermutet, daß der Fehler während der Meiose entsteht. Zwei homologe Chromosomen trennen sich nicht und gelangen somit gemeinsam in eine Tochterzelle. In der anderen Tochterzelle fehlen dann diese Chromosomen. Man bezeichnet das Nichttrennen eines homologen Chromosomenpaares als **Non-disjunction.** Dieser Vorgang führt zu anormalen Geschlechtszellen. Das Zustandekommen eines TURNER-Mädchens kann man sich also folgendermaßen erklären: Bei der Mutter des Mädchens brachte ein Non-disjunction eine Eizelle mit nur 22 Autosomen hervor. Die beiden X-Chromosomen sowie die homologen 22 Autosomen gelangten in das Richtungskörperchen. Wird nun die Eizelle mit 22 Autosomen von einem Spermium mit 22 Autosomen und einem X-Chromosom befruchtet, so enthält die Zygote 22 Autosomenpaare und ein X-Chromosom. Die so entstandene XO-Monosomie ist wohl der einzige Fall beim Menschen, bei dem das Fehlen eines Chromosoms lebensfähige Nachkommen zuläßt.

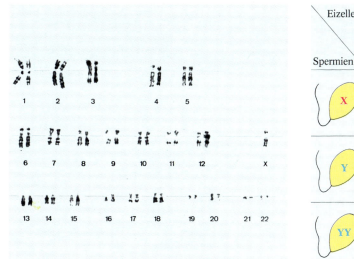

111.1. Karyogramm eines TURNER-Mädchens

Eizellen Spermien	XX XX XX	X X X X	X X XX	X XXX
X	**XO** TURNER-Syndrom	**XX** normale Frau	**XXX** **XXXX** Poly-X-Frauen	
Y	**YO** nicht lebensfähig	**XY** normaler Mann	**XXY** **XXXY** KLINEFELTER-Syndrom (männlich)	
YY	**YY** nicht lebensfähig	**XYY** **XXYY** **XXXYY** Diplo-Y-Männer		

111.2. Gonosomale Chromosomenaberrationen

Wird dagegen eine Eizelle mit 22 Autosomen und zwei X-Chromosomen von einem Spermium mit 22 Autosomen und einem Y-Chromosom befruchtet, enthält die Zygote neben einem normalen Autosomensatz ein Y-Chromosom und zwei X-Chromosomen. Es sind drei Gonosomen vorhanden, man spricht daher von einer **XXY-Trisomie.** Eine solche Zygote entwickelt sich zu einem Mann, der durch seine Langbeinigkeit auffällt. Seine Geschlechtsorgane bleiben zumeist unterentwickelt, er ist dann unfruchtbar. Man bezeichnet diese Krankheit als KLINEFELTER-Syndrom. Die Zellkerne der Betroffenen lassen ein BARR-Körperchen erkennen.

Auch bei der Spermienbildung kommt es zu Fehlverteilungen von Gonosomen. Dabei kann zum Beispiel in der 2. Reifeteilung ein Spermium mit 22 Autosomen und 2 Y-Chromosomen entstehen. Wenn ein solches Spermium mit einer normalen Eizelle verschmilzt, entwickelt sich aus der Zygote ein Mann mit drei Gonosomen. Man spricht von einer **XYY-Trisomie.** Solche Diplo-Y-Männer sind zwar überdurchschnittlich groß, fallen aber darüberhinaus körperlich nicht auf. Einige Wissenschaftler vermuten, daß Diplo-Y-Männer aufgrund des überzähligen Y-Chromosoms besonders aggressiv seien und deshalb zu kriminellem Verhalten neigen. Diese Annahme ist umstritten.

Solche Abweichungen in der Zahl der Geschlechtschromosomen bezeichnet man als **gonosomale numerische Chromosomenaberrationen.**

Es gibt aber auch Fehlverteilungen von Autosomen, also **autosomale numerische Chromosomenaberrationen.** So entdeckte der Franzose LEJEUNE 1959, daß bei Kindern mit ganz bestimmten Krankheitsmerkmalen das 21. Chromosom dreifach vorhanden ist. Man spricht daher von der **Trisomie 21.** Bekannter ist die Krankheit allerdings unter dem Namen Mongolismus. Unter 600 Neugeborenen ist ein Kind mongoloid. Folgende Merkmale sind kennzeichnend für diese Krankheit: besonders schmale Lidspalte, vergrößerte Zunge, kurzer Schädel, Sattelnase, häufig geöffneter Mund, plumpe Hände. Mongoloide sind deutlich schwachsinnig. Sie leiden unter einem Herzfehler und infizieren sich häufiger als andere Kinder. Folglich ist ihre Lebenserwartung niedrig. Mongolismus tritt in einigen Familien häufiger auf als in anderen Familien. Untersucht man die Karyogramme der Mutter und ihres mongoloiden Kindes, so zählt man bei der Mutter 46 Chromosomen und bei ihrem kranken Kind 47 Chromosomen. In 8 Prozent der Fälle dagegen zählt man bei der Mutter 45 Chromosomen, bei ihrem mongoloiden Kind 46 Chromosomen. Wie sind diese abweichenden Zahlen zu erklären?

Anhand der Bandenmuster kann man erkennen, daß bei der Mutter das Chromosom Nr. 21 an das Chromosom Nr. 14 angeheftet ist, es liegt eine *Translokation* vor. Sie wirkt sich jedoch für die Mutter nicht nachteilig aus, man spricht daher von einer *balancierten Translokation.* Bei der Chromosomenverteilung während der Meiose kommt es jedoch zu Komplikationen.

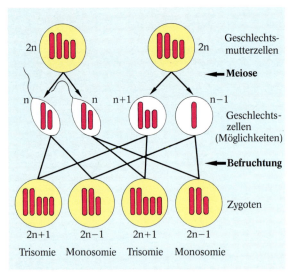

112.1. Non-disjunction

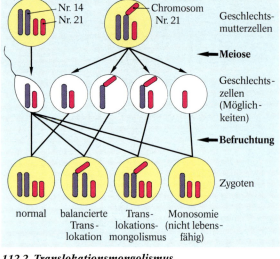

112.2. Translokationsmongolismus

Strukturelle Chromosomenaberration

Der Säugling schreit in hohen Tönen, die an das Schreien junger Katzen erinnern. Auffällig ist auch der weite Augenabstand. Die Krankheit heißt *Katzenschrei-Syndrom*. Solche Kinder bleiben in ihrer körperlichen und geistigen Entwicklung zurück.

Die Ursachen liegen in einer Chromosomenveränderung. Am kurzen Arm des Chromosoms Nr. 5 fehlt ein Stück. Man bezeichnet diesen Bruchstückverlust als *Deletion*. Bei einer Deletion wird wie auch bei einer Translokation die Struktur eines einzelnen Chromosoms verändert. In beiden Fällen spricht man daher von einer **strukturellen Chromosomenaberration.**

In einige Eizellen gelangt zum Beispiel lediglich ein Chromosom Nr. 14, das Chromosom Nr. 21 fehlt. In andere Eizellen kommen sowohl ein Chromosom Nr. 21 als auch ein Chromosom Nr. 14 mit dem angehefteten 21. Chromosom. Wird eine solche Eizelle von einem normalen Spermium befruchtet, so enthält die Zygote 2 Chromosomen Nr. 21 und ein weiteres 21. Chromosom, das an das 14. Chromosom angeheftet ist. Insgesamt liegen 46 selbständige Chromosomen vor. Da jedoch das 21. Chromosom dreifach vorhanden ist, entwickelt sich die Zygote zu einem mongoloiden Kind. Man bezeichnet diese Form des Mongolismus als **Translokations-Trisomie 21.**

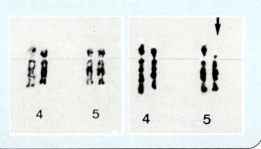

1. Wie ist das Zustandekommen eines Klinefelter-Mannes vom Typ XXXY zu erklären?

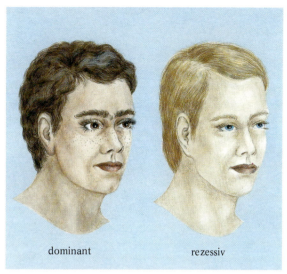

dominant   rezessiv

113.1. Eineiige Zwillingsschwestern   *113.2. Erblich bedingte Merkmale des menschlichen Kopfes*

3. Viele Merkmale sind genetisch bedingt

Die beiden Zwillingsschwestern sind kaum auseinanderzuhalten. Sie sind etwa 170 cm groß. Ihr blondes Haar ist leicht gekräuselt, sie tragen es gescheitelt. Auch in ihrer blauen Augenfarbe stimmen sie überein. Sie haben schmale Lippen; es sieht häufig so aus, als hätten sie die Lippen zusammengekniffen. Beim Lächeln zeigen sie den gleichen Gesichtsausdruck und die gleichen Fältchen. Auffallend ist die kräftige Nase, der Nasenrücken ist in beiden Fällen glatt. Die Nasenlöcher sind gleich gestellt, die Ohrläppchen sind angewachsen. Auch in vielen anderen, auf den ersten Blick nicht offensichtlichen Merkmalen stimmen die beiden Zwillingsschwestern verblüffend genau überein. Wie ist diese Übereinstimmung zu erklären?

Die beiden Schwestern sind eineiige Zwillinge. *Eineiige Zwillinge* entstehen dadurch, daß sich eine befruchtete Eizelle vollständig teilt. Die Tochterzellen trennen sich. Aus jeder der beiden Tochterzellen entwickelt sich ein Lebewesen. Die so entstandenen eineiigen Zwillinge haben alle Erbanlagen gemeinsam. Nun wird verständlich, warum die beiden Zwillingsschwestern in so vielen Merkmalen übereinstimmen. Die Ausbildung dieser Merkmale wird durch Gene bestimmt. So sind zum Beispiel die Anlagen für dunkelbraune Augen dominant über die Anlagen für hellbraune oder grüne Augen. Diese wiederum werden dominant gegenüber blauen Augen vererbt. Untersuchungen zur Vererbung der Augenfarbe führen jedoch zu Zahlen, die deutlich von den nach MENDEL zu erwar-

tenden Gesetzmäßigkeiten abweichen. Man vermutet daher, daß die Ausbildung der Augenfarbe von mehreren Genen abhängt. Auch bei anderen Merkmalen wie der Form der Nase und der Ohren, der Körpergröße, der Hautfarbe oder dem Fingerbeerenmuster nimmt man *polygene Vererbung* an. Viele körperliche Merkmale sind also genetisch bedingt.

Die beiden Zwillingsschwestern haben die Blutgruppe 0. Diese Übereinstimmung deutet auf einen genetischen Zusammenhang hin. Eine Blutgruppenbestimmung bei den Eltern der Zwillingsschwestern führt zu folgendem Ergebnis: Die Mutter hat die Blutgruppe A_1, der Vater die Blutgruppe B. Welche genetischen Grundlagen sind für diese Blutgruppenmerkmale verantwortlich?

Man unterscheidet im sogenannten **AB0-System** zwischen sechs Blutgruppen: A_1, A_2, B, A_1B, A_2B und 0. Vier Gene sind für diese Blutgruppen verantwortlich: A_1, A_2, B und 0. Diese Gene liegen alle auf demselben Genort des Chromosoms 9. Es handelt sich also um 4 Allele, man spricht daher von **multipler Allelie.** Je zwei dieser Allele bestimmen die Blutgruppe eines Menschen. Dabei sind A_1, A_2 und B jeweils dominant über 0. Im heterozygoten Zustand A_1B bzw. A_2B werden die beiden Allele nebeneinander gleich stark ausgeprägt. In diesem Fall spricht man von *Kodominanz*. Nun lassen sich die Blutgruppenverhältnisse in der Familie der Zwillingsschwestern gut erklären. Die Schwestern ha-

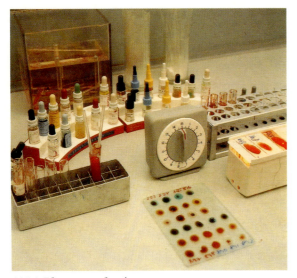

114.1. Blutgruppenbestimmung

Blutgruppe	mögliche Genotypen
A_1	A_1A_2; A_10; A_1A_1
A_2	A_20; A_2A_2
0	00
B	B0; BB
A_1B	A_1B
A_2B	A_2B
M	MM
MN	MN
N	NN
Rh^+	Rh^+Rh^+; Rh^+rh^-
rh^-	rh^-rh^-

114.2. Blutgruppen und mögliche Genotypen

ben die Blutgruppe 0 und folglich die Allelenkombination 00. Sie müssen also von Vater und Mutter je ein 0-Allel erhalten haben. Das ist nur möglich, wenn man für die Mutter den Genotyp A_10 und für den Vater den Genotyp B0 annimmt. Es ist also im Einzelfall möglich, vom Phänotyp auf den Genotyp zu schließen oder aber bestimmte Genotypen auszuschließen. Diese Möglichkeit nutzt man bei der Erstellung von **Vaterschaftsgutachten.** So kann man zum Beispiel alle Männer mit der Blutgruppe AB als mögliche Väter eines Kindes mit der Blutgruppe 0 ausschließen, auch wenn die Mutter die Blutgruppe 0 aufweist.

Der biochemische Zusammenhang für die Ausbildung der Blutgruppen ist gut untersucht. Die Allele A_1, A_2 und B bewirken die Ausbildung von Glykoproteinen. Diese Blutgruppensubstanzen werden an die Membran der roten Blutkörperchen angelagert. Die Blutkörperchen der Blutgruppe 0 tragen keine spezifische Blutgruppensubstanz. Bei den Blutgruppen A_1B bzw. A_2B findet man auf der Zellmembran sowohl die Blutgruppensubstanzen A_1 bzw. A_2 als auch B.
Die Blutgruppensubstanzen wirken als **Antigene.** Sie stellen im Körper eines Menschen mit einer anderen Blutgruppensubstanz einen Fremdkörper dar und werden durch **Antikörper** unschädlich gemacht. Überträgt man z.B. Blut der Gruppe A auf einen Empfänger mit der Gruppe B, so kommt es zu einer solchen **Antigen-Antikörper-Reaktion.** Die Anti-A-Moleküle im Empfänger-Blut reagieren mit den Blutkörperchen, die

die Blutgruppensubstanz A tragen. Dadurch verkleben die Blutkörperchen. Aufgrund dieser Unverträglichkeitsreaktionen wird verständlich, daß man nur gruppengleiches Blut übertragen kann.

Auch beim **Rhesus-System** kommt es zu Unverträglichkeitsreaktionen. 85% der deutschen Bevölkerung besitzen Blutkörperchen mit der Blutgruppensubstanz D. Solche Menschen werden als rhesus-positiv (Rh-positiv, Rh^+) bezeichnet, sie haben den Genotyp DD oder Dd. Rhesus-negative (Rh-negativ, Rh^-) Menschen sind gekennzeichnet durch den Genotyp dd. Ihre Blutkörperchen tragen keine Blutgruppensubstanz des Rhesus-Systems. Überträgt man Rh-positives Blut auf einen Menschen mit der Blutgruppe Rh^-, so wird bei diesem die Bildung von Antikörpern gegen die Substanz D angeregt. Wiederholt man die Übertragung, so kommt es zu einer Antigen-Antikörper-Reaktion. Warum aber wird dem Rhesus-System bei der Schwangerschaftsvorsorge so viel Beachtung geschenkt?
Wenn die Mutter Rh-negativ und der Vater Rh-positiv sind, kann das Kind wie der Vater Rh-positiv sein. Eigentlich sind die Blutkreisläufe von Mutter und Kind getrennt. Bei der Ablösung des Mutterkuchens nach der Geburt können jedoch einige Blutkörperchen mit dem D-Antigen in den mütterlichen Kreislauf eindringen und dort die Bildung von Antikörpern (Anti-Rh^+) anregen. Die Bildung der Antikörper dauert mehrere Wochen, so daß für das erste Kind keine Unverträglichkeitsreaktionen zu befürchten sind. In einer zweiten

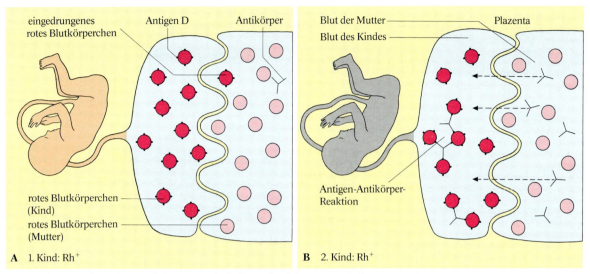

eingedrungenes rotes Blutkörperchen   Antigen D   Antikörper   Blut der Mutter   Plazenta
Blut des Kindes

rotes Blutkörperchen (Kind)
rotes Blutkörperchen (Mutter)

Antigen-Antikörper-Reaktion

A   1. Kind: Rh$^+$ **B**   2. Kind: Rh$^+$

115.1. Rhesus-Faktor. *A Erste Schwangerschaft; B zweite Schwangerschaft*

Schwangerschaft jedoch dringen die im mütterlichen Organismus gebildeten und noch vorhandenen Rh$^+$-Antikörper in den fetalen Kreislauf ein. Ist dieser wieder Rh$^+$-positiv, so kommt es zur Antigen-Antikörper-Reaktion und somit auch zum Auflösen der roten Blutkörperchen. Hierdurch fällt in großen Mengen Hämoglobin an, das zu Bilirubin abgebaut wird. Während der Schwangerschaft werden diese ungewöhnlich großen Bilirubinmengen des Fetus über die Leber der Mutter ausgeschieden. Das Neugeborene kann so viel Bilirubin nicht verkraften. Bilirubin wird in das Nervengewebe eingelagert. Dort verursacht dieses giftige Abbauprodukt des Hämoglobins Hirnschäden. Häufig führen solche Schäden zum Tode.
Früher tauschte man das Blut des Kindes gleich nach der Geburt völlig aus. Somit konnten die Bilirubinmengen auf ein verträgliches Maß reduziert werden. Gleichzeitig wurde dadurch die Zahl der roten Blutkörperchen erhöht. Heute bedient man sich der Anti-D-Vorsorge.
Das Blut einer Rh-negativen Mutter, die ihr erstes Rh-positives Kind zur Welt gebracht hat, wird auf rote Blutkörperchen mit dem Antigen D untersucht. Ist der Befund positiv, so verabreicht man der Mutter Serum mit Rh$^+$-Antikörpern. Diese zerstören die roten Blutkörperchen mit dem Antigen D. Somit wird verhindert, daß im mütterlichen Organismus Rh$^+$-Antikörper gebildet werden. Bei einer zweiten Schwangerschaft kann es somit nicht zu Unverträglichkeitsreaktionen kommen.

1. Welche Antigen-Antikörper-Reaktionen sind zu erwarten, wenn einem Menschen mit der Blutgruppe A_1B Blut der Blutgruppe B übertragen wird?

2. Zu jedem der vier Elternpaare gehört eines der vier Kinder. Ordnen Sie mit Hilfe der Blutgruppenangaben die Kinder ihren Eltern zu.
Blutgruppen der Elternpaare: A_1, A_1B; 0, B; 0, A_1B; 0,0.
Blutgruppen der Kinder: A_1B; 0; B; A_1.

3. Für welche Mutter-Kind-Verhältnisse sind Männer mit der Blutgruppe N als Väter auszuschließen (s. Tabelle in Abb. 114.2.)?

4. Überprüfen Sie, ob ein Rh-positiver Vater mit einer Rh-negativen Mutter auch ein Rh-negatives Kind haben kann.

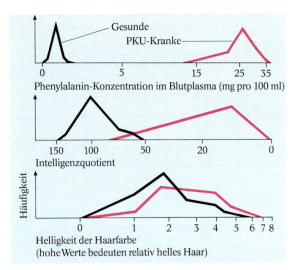

116.1. Merkmalsverteilung bei PKU-Kranken und Gesunden

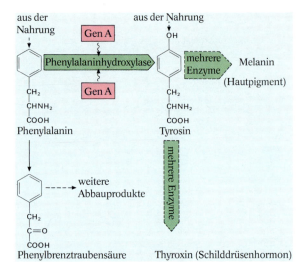

116.2. Biochemische Grundlagen der Phenylketonurie

4. Gendefekte führen zu Erbkrankheiten

Monika ist ein achtjähriges Mädchen, das sich von ihren gleichaltrigen Mitschülerinnen kaum unterscheidet. Sie leidet unter der Krankheit **Phenylketonurie** (PKU). Worin äußert sich diese Krankheit?
Gleich nach der Geburt wird das Blut eines Babys auf bestimmte Stoffe untersucht. Bei Monika wurden in 100 ml Blut 65 mg Phenylalanin gemessen; bei gesunden Kindern sind es etwa 1–2 mg. Dieser erhöhte Phenylalaningehalt des Blutes ist charakteristisch für PKU-Kranke. Unbehandelt wird ein Großteil des Phenylalanins in Phenylbrenztraubensäure umgewandelt. Diese schädigt das Gehirn.
Phenylalanin ist eine Aminosäure, die normalerweise am Anfang einer verzweigten Stoffwechselkette steht. Mit Hilfe des Enzyms Phenylalaninhydroxylase wird Phenylalanin in die Aminosäure Tyrosin umgewandelt. Im Falle der Phenylketonurie fehlt dieses Enzym. Somit kann das mit der Nahrung aufgenommene Phenylalanin nicht zu Tyrosin abgebaut werden. Es reichert sich an und wird zu der schädlichen Phenylbrenztraubensäure umgewandelt. Bei PKU-Kranken ist also ein Reaktionsschritt unterbrochen, weil das für diesen Schritt wichtige Enzym fehlt. Man spricht von einer *Stoffwechselkrankheit.* PKU-Kranke müssen bis zum zehnten Lebensjahr eine strenge Diät einhalten: Die mit der Nahrung aufgenommenen Eiweiße dürfen nur wenig Phenylalanin enthalten.

Phenylketonurie ist eine Erbkrankheit. Die Eltern des erkrankten Mädchens sind gesund. Vermutlich sind sie heterozygot für das die Krankheit bedingende Gen. Diese Annahme läßt sich experimentell überprüfen. Verabreicht man den Eltern eine hohe Dosis Phenylalanin, so läßt sich bei ihnen auch nach 3 Stunden noch ein deutlich erhöhter Phenylalaningehalt im Serum nachweisen: z.B. 3,5 mg pro 100 ml Serum. Führt man dagegen den Test bei homozygot Gesunden durch, so wird nach 3 Stunden ein unverändert niedriger Wert von 1–2 mg Phenylalanin pro 100 ml Serum gemessen. Bei Heterozygoten erfolgt also der Abbau von Phenylalanin langsamer infolge Enzymmangels. Den Enzymmangel erklärt man sich damit, daß nur eines der beiden für die Synthese des Enzyms verantwortlichen Gene intakt ist. Erst wenn beide für die Synthese eines Enzyms verantwortlichen Gene verändert sind, wird kein Enzym mehr hergestellt. Nun wird verständlich, warum die meisten Stoffwechselkrankheiten rezessiv vererbt werden.

Auch die **Bluterkrankheit** (Hämophilie) tritt dann auf, wenn ein enzymatisch wirksames Protein fehlt. So kann Prothrombin nicht in Thrombin überführt werden, wenn das antihämophile Globulin nicht zugegen ist. Fehlt Thrombin, so bildet sich nur sehr verlangsamt aus Fibrinogen ein Maschenwerk aus Fibrinfäden. Die Betroffenen können schon bei einer harmlosen Verletzung verbluten. Man kann ihnen allerdings helfen, indem man ihnen den Gerinnungsfaktor durch eine Transfusion überträgt. Untersucht man einen Stammbaum zur Bluterkrankheit, so fällt auf, daß überwie-

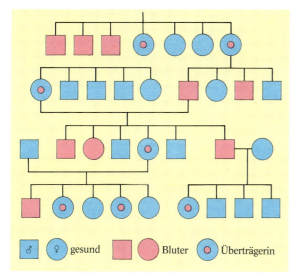

| ♂ | | ♀ | gesund | 🟥 | ⬤ | Bluter | ⊙ | Überträgerin |

117.1. Stammbaum zur Bluterkrankheit

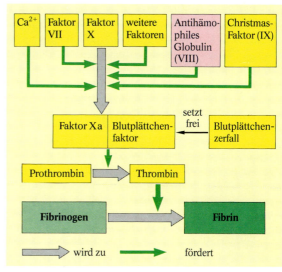

117.2. Schema der Blutgerinnung

gend Männer von dieser Krankheit betroffen sind. Frauen sind selten bluterkrank. Wie ist diese Auffälligkeit zu erklären?

Das Gen für die Synthese des antihämophilen Globulins liegt auf dem X-Chromosom. Wird ein solches Gen verändert, so übernimmt bei einer Frau das dazugehörige Allel auf dem anderen X-Chromosom die Aufgabe des defekten Gens: Der Gerinnungsfaktor wird hergestellt. Bei einem Mann kann die Wirkung eines defekten Gens auf dem X-Chromosom nicht durch ein intaktes Allel ausgeglichen werden: Männer haben nur ein X-Chromosom. Das einfache Vorhandensein eines X-chromosomalen rezessiven Gens führt zur Ausbildung der Krankheit. Man bezeichnet diesen Zustand als *Hemizygotie*.

Wenn man das Plasma von Hämophilie-Patienten aus zwei verschiedenen Familien mischt, kann in einigen Fällen eine normale Gerinnungsfähigkeit erzielt werden. Ein solches Ergebnis läßt sich jedoch nicht mit zwei Plasmaproben von Blutern derselben Familie erreichen. Es gibt also zwei verschiedene Hämophilieformen. Bei jeder von ihnen fehlt ein anderer, für die normale Gerinnung notwendiger Faktor. Bei der Hämophilie A fehlt der Faktor VIII, bei der Hämophilie B der Faktor IX.

Auch von der **Rotgrünblindheit** sind mehr Männer als Frauen betroffen. Während nur 0,5% der Frauen die

Farben Rot und Grün nicht eindeutig voneinander unterscheiden können, leiden 8% der Männer unter dieser Anomalie. Sie wird, wie auch die Bluterkrankheit, rezessiv X-chromosomal vererbt. Kennzeichnend für einen solchen Erbgang ist, daß die Söhne rotgrünblinder Frauen durchweg ebenfalls von der Krankheit betroffen sind. Sie haben ein X-Chromosom mit dem defekten Gen von ihrer Mutter erhalten; vom Vater bezogen sie lediglich ein Y-Chromosom, das als nahezu genleer bezeichnet werden kann.

Doch eigentlich sollte man erwarten, daß rezessive X-chromosomale Krankheiten auch bei Frauen mit nur einem defekten Gen zum Ausbruch kommen. Denn nach der Hypothese von LYON liegt eines der beiden X-Chromosomen genetisch inaktiv als BARR-Körperchen vor. Folglich müßte im heterozygoten Zustand immer dann die Krankheit zur Ausprägung kommen, wenn das X-Chromosom mit dem intakten Allel genetisch inaktiviert wird. Doch die Ergebnisse von Stammbaumuntersuchungen widersprechen diesen Überlegungen. Wie ist das zu erklären?

In der Embryonalphase wird in den verschiedenen Körperzellen entweder das X-Chromosom mit dem defekten Allel oder das X-Chromosom mit dem intakten Allel gleich häufig inaktiviert. Somit ist gewährleistet, daß im heterozygoten Zustand ausreichend X-Chromosomen mit intakten Genen aktiviert sind. Das benötigte Protein kann folglich synthetisiert werden.

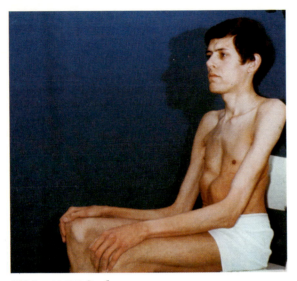

118.1. MARFAN-Syndrom

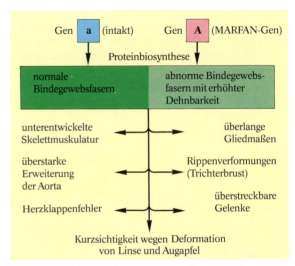

118.2. Polyphänie – ein Gen bedingt die Ausbildung vieler Merkmale

Am **MARFAN-Syndrom** erkrankte Menschen fallen durch eine überdurchschnittliche Körperhöhe, lange schmale Glieder und eine Trichterbrust auf. Die Muskulatur ist unterentwickelt, die Gelenkkapseln sind stark überdehnbar. Augapfel und Linse sind verformt, Kurzsichtigkeit ist die Folge. Zusätzlich leiden die Betroffenen unter Herzklappenfehlern. Eine Stammbaumanalyse ergibt, daß zumindest ein Elternteil erkrankter Kinder ebenfalls krank ist. Das deutet darauf hin, daß die Krankheit dominant vererbt wird. Es erkranken also auch Heterozygote. Wie ist die dominante Genwirkung zu erklären?

Bei keiner dominanten Erbkrankheit wurde ein vollständiger Enzymmangel festgestellt. Man vermutet daher, daß solche Proteine verändert vorliegen, die am strukturellen Aufbau von Zellen und Fasern beteiligt sind. Ein defektes Gen bedingt die Synthese defekter Strukturproteine. Diese werden zusammen mit den intakten Strukturproteinen in Gewebe und Organe eingebaut. Daraufhin entwickelt sich beim MARFAN-Syndrom eine unterentwickelte Muskulatur. Auge, Herz und andere Organe sind verändert. Das defekte Gen beeinflußt demnach die Ausbildung mehrerer Merkmale. Man spricht daher von **Polyphänie.** Bei den meisten dominanten Erbleiden wirkt sich der homozygote Zustand tödlich aus. Sind beide Allele defekt, werden nur abnorme Strukturproteine hergestellt und eingebaut. Die betreffenden Gewebe und Organe sind so stark verändert und geschädigt, daß sie funktionsunfähig sind. So ist zum Beispiel der Fall eines Kindes be-

kannt, dessen Vater und Mutter unter **Kurzfingrigkeit** litten. Das Kind war für diese harmlose Anomalie homozygot. Es fehlten ihm zum Beispiel Finger und Zehen völlig. Im Alter von einem Jahr starb es.

1. *Erklären Sie, warum an Phenylketonurie erkrankte Patienten häufig blonde Haare haben.*

2. *Nennen Sie Unterschiede zwischen rezessiven und dominanten Erbleiden.*

3. *Wie kann man erklären, daß es kaum bluterkranke Frauen gibt?*

4. *Bei rezessiven X-chromosomalen Erbgängen bezeichnet man heterozygote Frauen auch als Überträgerinnen. Welche Personen im Stammbaum der Abbildung 117.1. sind Überträgerinnen?*

5. *Der Abbildung 116.2. ist zu entnehmen, daß Tyrosin enzymatisch zu Melanin umgewandelt wird. Fehlt dieses Hautpigment, so kommt es zur Ausbildung der Stoffwechselkrankheit Albinismus. Erläutern Sie die grundsätzlichen Unterschiede für das Zustandekommen der beiden Erbkrankheiten Albinismus und Phenylketonurie.*

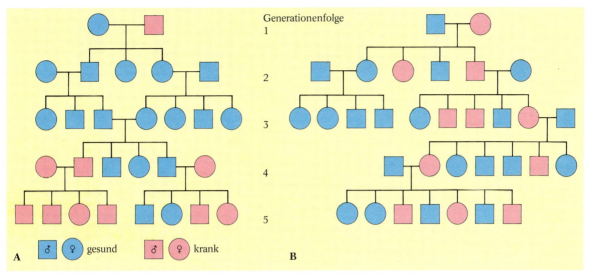

Generationenfolge
1
2
3
4
5

| ♂ | ♀ | gesund | ♂ | ♀ | krank |

A   B

119.1. Stammbäume im Vergleich. *A Rezessiver Erbgang; B dominanter Erbgang*

5. Stammbäume werden analysiert

In einer Familie tritt die Erbkrankheit Albinismus auf. Die Betroffenen leiden unter Pigmentmangel in der Haut und in den Augen. Sie fallen durch ihre helle Haut und ihr weißblondes Haar auf. Ein Stammbaum über fünf Generationen ist in Abbildung 119.1. A dargestellt.

Es fällt auf, daß die Krankheit nicht in allen Generationen auftritt, so zum Beispiel nicht in der II. und III. Generation. Zudem überrascht, daß gesunde Eltern kranke Kinder haben. Sind beide Eltern von der Krankheit betroffen, so sind auch alle Kinder krank. Diese Auffälligkeiten sind typisch für einen **rezessiven Erbgang.** Durch die Analyse eines Stammbaums läßt sich also überprüfen, wie ein Merkmal vererbt wird.

Zwei Personen in der V. Generation sind offensichtlich gesund. Die Frage nach ihrem Genotyp läßt sich leicht beantworten. Ihre Mutter muß homozygot für das die Krankheit verursachende Allel a sein. Sie hat den vier Kindern das Allel a übertragen, auch den beiden gesunden Söhnen. Folglich sind diese heterozygot (Aa) gesund. Durch Untersuchung eines Stammbaums läßt sich also der Genotyp bestimmter Personen rekonstruieren.

Bei einem **dominanten Erbgang** wie zum Beispiel dem MARFAN-Syndrom (Abbildung 119.1. B) tritt die Krankheit in fast allen Generationen auf. Kranke Kinder haben zumindest einen von der Krankheit betroffenen Elternteil. Sie sind dann für das die Krankheit bedingende Allel heterozygot.

1. Formulieren Sie die Genotypen der in Abbildung 119.1. A erfaßten Personen. Für welche Personen kann man den Genotyp nicht eindeutig bestimmen?

2. Warum treten bei Stammbaumuntersuchungen die MENDELschen Regeln nur ausnahmsweise klar in Erscheinung?

3. Wie kommt man zu der Annahme, daß Träger einer dominanten Erbkrankheit zumeist heterozygot für das die Krankheit bedingende Allel sind?

4. Überprüfen Sie folgende Aussage: Verwandtenehen fördern das Auftreten rezessiver Erbkrankheiten.

5. Stellen Sie in einer Tabelle Kennzeichen rezessiver und dominanter Erbgänge gegenüber.

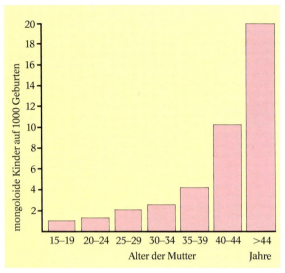

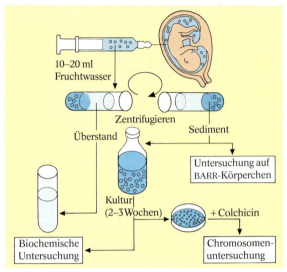

120.1. Häufigkeit des Mongolismus und Alter der Mutter   *120.2. Amniozentese*

6. Viele Menschen lassen sich genetisch beraten

Die achtunddreißigjährige Frau hat bereits ein mongoloides Kind. Sie und ihr Mann wünschen sich ein zwei-
tes Kind. Sie suchen eine genetische Beratungsstelle
auf, um sich über mögliche Risiken einer zweiten
Schwangerschaft aufklären zu lassen.

Den mitgereichten Unterlagen kann der beratende
Arzt entnehmen, daß das mongoloide Kind des Ehepaares von einer freien Trisomie betroffen ist. Im Karyogramm sind u.a. 3 einzelne Chromosomen Nr. 21 erkennbar, eine Translokation liegt nicht vor. Somit ist es
nicht erforderlich, bei den Eltern eine Chromosomen-
untersuchung vorzunehmen. Sie sind im Hinblick auf
eine Trisomie phänotypisch und genotypisch gesund.

Der Arzt der Beratungsstelle kann jedoch das Risiko
für den Fall berechnen, daß auch das zweite Kind der
Ratsuchenden mongoloid ist. Es ist bekannt, daß mit
zunehmendem Alter der Mutter dieses Risiko zunimmt
(s. Abb. 120.1.). Während von 1000 Müttern der Alters-
gruppe 19–20 Jahre lediglich 5 mit einem mongoloiden
Kind rechnen müssen, bringen von 1000 achtunddrei-
ßigjährigen Müttern immerhin 22 ein mongoloides
Kind zur Welt. Im vorliegenden Beratungsfall errechnet der Arzt ein Wiederholungsrisiko von 4,4 %. In
diese Berechnung geht mit ein, daß das erste Kind des
Ehepaares bereits mongoloid war. Sollen die Eltern
dieses Risiko eingehen?

Diese Entscheidung kann auch der Arzt den Eltern
nicht abnehmen. Er rät jedoch dringend zu einer **Amniozentese** während der sechzehnten bis siebzehnten
Woche einer zukünftigen Schwangerschaft. Dazu wird
eine Kanüle durch die Bauchdecke der Mutter in die
Fruchtblase geführt. Man entnimmt etwa 25 ml Fruchtwasser. Darin schwimmen abgeschilfte Zellen des Fetus. Den größeren Teil des Fruchtwassers bewahrt man
zwei bis drei Wochen in Gewebekulturflaschen bei
Körpertemperatur auf. Während dieser Zeit vermehren
sich die im Fruchtwasser enthaltenen lebenden Zellen.
Aus ihnen fertigt man ein *Karyogramm* an. Daran läßt
sich erkennen, ob eine *numerische Chromosomenaberration* vorliegt. Ist der Befund positiv, so können sich
die Eltern für einen Schwangerschaftsabbruch ent-
scheiden.

Der kleinere Teil des Fruchtwassers wird biochemisch
untersucht. So bestimmt man zum Beispiel die Aktivität einzelner Enzyme im Fruchtwasser oder in den
darin enthaltenen Zellen. Eine herabgesetzte oder
nicht vorhandene Aktivität eines Enzyms deutet auf einen Defekt des für die Enzymbildung verantwortlichen Gens hin. Es ist heute möglich, mit Hilfe der Amniozentese etwa 75 angeborene *Stoffwechselstörun-
gen* zu erkennen. Es ist zur Zeit nicht möglich, solche
Gendefekte zu beheben. Im Einzelfall kann man Stoff-
wechselstörungen behandeln, so zum Beispiel die Phenylketonurie.

Krankheit	Erbgang	Häufigkeit
Albinismus: Pigmentmangel	r	1: 10 000
Brachydaktylie: Kurze Fingerglieder	d	1: 170 000
Chorea HUNTINGTON: Nervenleiden	d	1: 2000
Galaktosämie: Enzym zum Milchzuckerabbau fehlt; verzögerte Entwicklung	r	1: 40 000
MARFAN-Syndrom	d	1: 70 000
Phenylketonurie	r	1: 20 000
Spalthand, Spaltfuß	d	1: 100 000
Taubstummheit	d (5%), r (95%)	1: 2000
Xeroderma pigmentosum: Überempfindlichkeit gegen UV-Strahlung	r	1: 50 000

Spermien — Häufigkeit: $h(A)$ — Häufigkeit: $h(a)$

Eizellen

	A	a
A — Häufigkeit: $h(A)$	AA — $h^2(A)$	Aa — $h(A) \cdot h(a)$
a — Häufigkeit: $h(a)$	aA — $h(a) \cdot h(A)$	aa — $h^2(a)$

$h(A) + h(a) = 1; h^2(A) + 2h(A) \cdot h(a) + h^2(a) = 1$

121.1. Das HARDY-WEINBERG-Gesetz

121.2. Häufigkeit von Erbkrankheiten

7. Die Häufigkeit von Genen läßt sich berechnen

Ein von Phenylketonurie (PKU) betroffener Mann (Genotyp aa) muß nur dann mit erbkranken Kindern rechnen, wenn seine Frau ebenfalls krank ist (aa) oder aber heterozygot für das die Krankheit bedingende Allel ist (Aa). Die Häufigkeit von PKU-Kranken läßt sich statistisch erfassen: Unter 100 000 Menschen befinden sich 10 PKU-Kranke. Die Häufigkeit (h) dieser Krankheit und somit des Genotyps aa ist also 1 : 10 000 oder 0,0001. Diesen Sachverhalt kann man auch verkürzt darstellen: h (aa) = 0,0001. Doch wie häufig kommen Gesunde mit dem Genotyp Aa vor?

Nach den Überlegungen und Berechnungen der beiden Wissenschaftler HARDY und WEINBERG ist die Häufigkeit der Allele eines Genortes in einer Gruppe von Individuen, einer *Population*, über Generationen hinweg konstant: h (a) bzw. h (A) ist in allen Tochtergenerationen gleich. Diese Aussage gilt jedoch nur unter folgenden Bedingungen:

1. Die Population ist sehr groß,
2. die Mitglieder der Population paaren sich nach dem Zufallsprinzip; bestimmte Merkmalsträger sind bei der Paarung nicht benachteiligt,
3. die Häufigkeit der Allele wird nicht durch Mutation verändert,
4. alle Merkmalsträger sind gleich lebensfähig.

Zwischen den Allelhäufigkeiten besteht folgender mathematischer Zusammenhang:

$h(a) + h(A) = 1.$

Die Häufigkeiten der Genotypen errechnen sich als Produkt der Allelhäufigkeiten und somit als Produkt der Häufigkeiten der Geschlechtszellen mit diesen Allelen (Abb. 121.1.):

$h(aa) = h(a) \cdot h(a) = h^2(a),$
$h(AA) = h(A) \cdot h(A) = h^2(A),$
$h(Aa) = h(a) \cdot h(A) + h(A) \cdot h(a) = 2h(A) \cdot (a).$

Die Summe aus diesen Häufigkeiten ist gleich 1:

$h^2(A) + 2h(A) \cdot (a) + h^2(a) = 1.$

Mit Hilfe dieser Beziehungen kann man nun die Häufigkeit der Menschen berechnen, die heterozygot für das PKU-Allel sind. Zunächst bestimmt man die Häufigkeit des Allels a:

$h^2(a) = h(aa),$
$h(a) = \sqrt{h(aa)} = \sqrt{0,0001} = 0,01.$

Die Häufigkeit des Allels A errechnet sich aus der Gleichung h (a) + h (A) = 1:

$0,01 + h(A) = 1,$
$h(A) = 1 - 0,01 = 0,99.$

Somit ergibt sich für die Häufigkeit der Heterozygoten:

$h(Aa) = 2 \cdot 0,99 \cdot 0,01 = 0,0198 \approx \frac{1}{50}.$

Unter 100 000 Menschen befinden sich also 2000 phänotypisch Gesunde, die heterozygot für das PKU-Allel sind. Ihnen stehen lediglich 10 PKU-Kranke gegenüber.

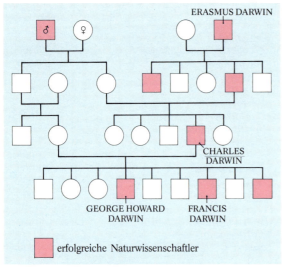

122.1. Stammbaum der Familie DARWIN

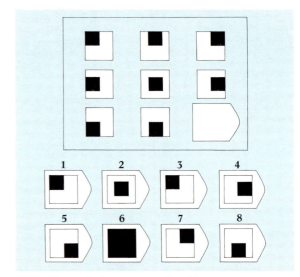

122.2. Eine Aufgabe aus einem Intelligenztest

8. Auch nichtkörperliche Merkmale werden vererbt

Der Naturforscher CHARLES DARWIN ist der bekannteste Vertreter der Familie DARWIN. Sein Vater und sein Großvater waren ebenfalls als Naturwissenschaftler hervorgetreten. Auch DARWINs Söhne George Howard und Francis Leonard waren erfolgreiche Naturwissenschaftler. Eine solche Häufung Begabter in einer Familie deutet darauf hin, daß diese Begabung vererbt wird. Gegen diese Interpretation kann jedoch eingewendet werden, daß gerade zur Zeit DARWINs Söhne erfolgreicher Väter eben den Beruf des Vaters ergriffen und so eine Tradition fortführten. Zudem ist es wahrscheinlich, daß Kinder, deren Väter sich mit Naturwissenschaften beschäftigen, diesem Bereich mehr Interesse entgegenbringen als Kinder aus anderen Elternhäusern. Es ist offensichtlich schwierig, den Nachweis dafür zu erbringen, daß auch nichtkörperliche Merkmale vererbt werden.

Eine Schwierigkeit liegt darin, daß nichtkörperliche Merkmale nicht in klar unterscheidbaren Ausprägungen vorliegen, sondern durch Übergänge verbunden sind. So ist es nicht ohne weiteres möglich, eindeutig zwischen Begabten und Nichtbegabten zu unterscheiden.

Eine weitere Schwierigkeit ergibt sich dadurch, daß nichtkörperliche Merkmale nicht gegenständlich vorliegen und somit nicht offensichtlich sind. Vielmehr muß man sich ein Testverfahren überlegen, mit dessen Hilfe das nichtkörperliche Merkmal „sichtbar" gemacht werden kann. So hat man zum Beispiel Intelli-

genztests entwickelt, um die unterschiedliche Ausprägung des Merkmals „Intelligenz" zu erfassen.

Eine dritte Schwierigkeit ist darin zu sehen, daß nichtkörperliche Merkmale nicht nur vom Erbgut her bestimmt sind, sondern auch sehr stark von der Umwelt geformt werden können. Dies muß man bei der Konstruktion von Testverfahren beachten. Will man zum Beispiel Intelligenz messen, so dürfen Testaufgaben nicht so sehr auf bereits Gelerntes abzielen. Die Beantwortung der Frage „Wie hoch ist der Eiffelturm?" läßt kaum Rückschlüsse auf die Intelligenz der befragten Person zu.

Nun wird verständlich, warum es so schwierig ist, die Vererbung nichtkörperlicher Merkmale zu belegen. Am ehesten gelingt der Nachweis für das Merkmal „Intelligenz". Dabei stützt man sich bevorzugt auf Untersuchungen an **Zwillingen.** So untersucht man zum Beispiel getrennt aufgewachsene eineiige Zwillinge in einem Intelligenztest. Das Ergebnis dieses Tests drückt man in Intelligenzquotienten (IQ) aus. IQ-Werte von weniger als 100 weisen auf eine unterdurchschnittliche Intelligenz hin, solche von über 100 sind Ausdruck einer überdurchschnittlichen Intelligenz. Das Ergebnis solcher Intelligenzuntersuchungen an eineiigen Zwillingen ist in Abb. 123.1. festgehalten. Auf der Abszisse ist die IQ-Skala für den einen Zwillingspartner, auf der Ordinate die IQ-Skala für den anderen Zwillingspartner aufgetragen. Jedes untersuchte Zwillingspaar ist durch einen Punkt vertreten. Die Lage eines solchen Punktes ergibt sich aus den IQ-Werten der beiden

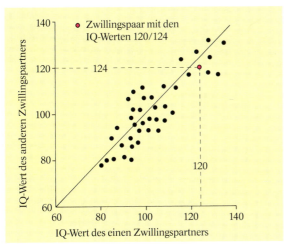

123.1. *IQ getrennt aufgewachsener eineiiger Zwillinge.*
Abzisse und Ordinate tragen die IQ-Skala für die beiden Zwillingspartner.

123.2. *Korrelationskoeffizienten für die Intelligenz von Personen verschiedener Verwandtschaftsgrade*

Verwandschaftsgrad	Korrelations-koeffizient
nichtverwandte Personen	
getrennt aufgewachsen	0,00–0,3
gemeinsam aufgewachsen	0,15–0,32
Pflegeeltern-Kinder	0,18–0,38
Eltern-Kinder	0,2 –0,8
Geschwister	
getrennt aufgewachsen	0,32–0,45
gemeinsam aufgewachsen	0,3 –0,78
zweieiige Zwillinge	
verschiedengeschlechtlich	0,35–0,77
gleichgeschlechtlich	0,40–0,87
eineiige Zwillinge	
getrennt aufgewachsen	0,65–0,89
gemeinsam aufgewachsen	0,75–0,81

Zwillingspartner. Die Punkteschar entspricht einer Geraden mit einer Steigung von etwa 45°. Zwischen den IQ-Werten getrennt aufgewachsener eineiiger Zwillinge besteht offensichtlich ein Zusammenhang, eine **Korrelation.** Wird bei dem einen Zwillingspartner ein niedriger IQ von zum Beispiel 80 festgestellt, so liegt auch der IQ-Wert des anderen Zwillingspartners bei 80. Die IQ-Werte getrennt aufgewachsener eineiiger Zwillinge sind einander sehr ähnlich. Diese Ähnlichkeit kann durch den *Korrelationskoeffizienten* (r) ausgedrückt werden. Große Korrelationskoeffizienten (0,7–1,0) deuten auf eine hohe Übereinstimmung hin, kleine Koeffizienten (0–0,4) sprechen für eine geringe, mehr zufällige Ähnlichkeit. Für die IQ-Werte getrennt aufgewachsener eineiiger Zwillinge errechnet man einen Korrelationskoeffizienten von 0,75. Was bedeutet dieses Ergebnis für die Erblichkeit der Intelligenz? Eineiige Zwillinge gehen aus einer befruchteten Eizelle hervor und stimmen deshalb in ihren Erbanlagen überein. Wenn sie nach der Geburt getrennt und in verschiedene Elternhäuser gegeben werden, unterliegt die Ausbildung ihrer Intelligenz unterschiedlichen Umwelteinflüssen. Erbringt eine spätere Untersuchung ihrer IQ-Werte jedoch eine starke Übereinstimmung (r = 0,75), so ist diese Übereinstimmung auf die gemeinsamen Erbanlagen zurückzuführen. Damit ist belegt, daß das nichtkörperliche Merkmal Intelligenz eine wesentliche genetische Komponente hat. Diese Aussage schließt nicht aus, daß auch die Umwelt an der Ausbildung der Intelligenz beteiligt ist.

Für andere nichtkörperliche Merkmale wie Aggressivität, Schreckhaftigkeit, Anpassungsfähigkeit oder Mitleidsfähigkeit ist es noch schwieriger, genetische Ursachen aufzuzeigen. Zum einen fehlen geeignete Testverfahren. Zum anderen wird ihre Ausprägung durch Gewöhnung, Übung oder intellektuelle Selbstkontrolle beeinflußt.

1. Vergleichen Sie die Korrelationskoeffizienten der Intelligenz getrennt und gemeinsam aufgewachsener eineiiger Zwillinge (Abb. 123.2.). Bewerten Sie das Ergebnis Ihres Vergleichs.

2. Erörtern Sie die Frage, ob nichtkörperliche Merkmale überwiegend monogen oder polygen bedingt sind.

3. „Intelligenz ist das, was man durch den Intelligenztest mißt." Nehmen Sie zu dieser Aussage Stellung.

Umwelt und Merkmalsausbildung

124.1. Löwenzahn. *A Tieflandform; B Hochlandform*

1. Modifikationen – die Umwelt formt mit

Embryopathien

Mütter, die im ersten Drittel der Schwangerschaft das Schlafmittel Contergan eingenommen hatten, brachten Kinder mit starken Mißbildungen an Zehen oder Fingern, an Mittelhand- oder Mittelfußknochen zur Welt. In schweren Fällen fehlten die Gliedmaßen völlig.

Während der Embryonalentwicklung ist der menschliche Organismus besonders empfindlich gegenüber Umwelteinflüssen wie Medikamenten, radioaktiven Strahlen oder Viren. Es kommt zu krankhaften Veränderungen des Embryos, die man als **Embryopathien** bezeichnet. Eine Rötelinfektion der Mutter kann beim Kind Leberschäden, Schwerhörigkeit oder körperliche Unterentwicklung hervorrufen. Auch durch regelmäßigen Alkohol- und Tabakgenuß während der Schwangerschaft kann es zu Embryopathien kommen: Minderwuchs, Schwachsinn, Herzfehler oder ein sehr niedriges Geburtsgewicht.

Die beschriebenen Veränderungen sind als Modifikationen zu bezeichnen. Durch radioaktive Strahlen oder Reagenzien kann jedoch auch das genetische Material verändert werden.

Streut man Samen von Löwenzahnpflanzen aus dem Tiefland im Hochgebirge aus, so entwickeln sie sich zu Pflanzen von gedrungenem Wuchs. Die Blätter sind klein und tiefgezähnt, die Wurzel ist relativ lang. Sät man die aus ihren Blüten hervorgehenden Samen im Tiefland aus, so entstehen daraus hochwüchsige Löwenzahnpflanzen mit großen, wenig stark gezähnten Blättern und vergleichsweise kurzen Wurzeln. Offensichtlich haben sich die erbgleichen Samen unter dem Einfluß der unterschiedlichen Umweltbedingungen zu unterschiedlichen Formen entwickelt. Diese Vermutung läßt sich bestätigen. Sät man nun wiederum Samen der Flachlandform im Hochgebirge aus, so entstehen daraus typische Hochgebirgsformen. Solche Veränderungen des Phänotyps, die durch Umwelteinflüsse bedingt sind und nicht den Genotyp betreffen, bezeichnet man als **Modifikationen.**

Der Einfluß der Umwelt auf die Merkmalsausbildung ist beim Rädertierchen Brachionus calyciflorus genauer untersucht worden. Dieses etwa 250 μm lange Tier lebt bevorzugt in nährstoffreichen Seen und Teichen. Im Verlaufe eines Jahres folgen mehrere Generationen aufeinander, die sich insbesondere durch die Länge von einem Paar Dornen am Hinterende des Panzers unterscheiden (s. Abb. 125.1.). Die Tiere können diese Dornen abspreizen und so verhindern, daß sie von Freßfeinden wie dem Rädertier Asplanchna gefressen werden.

Die Rädertiere der Art Brachionus calyciflorus lassen sich gut in Massen züchten. Dabei kann man verschie-

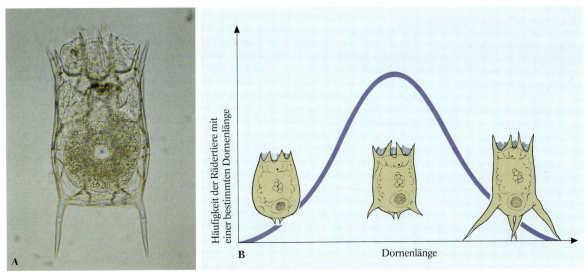

125.1. Rädertierchen. *A LM-Bild; B Modifikationen (Schema)*

dene Umweltfaktoren gezielt verändern und deren Auswirkung auf die Dornenlänge verfolgen (Abb. 125.1. B). Es zeigt sich, daß hohe Temperaturen und günstige Futterbedingungen die Ausbildung kurzer Dornen bewirken. Längere Dornen entstehen bei tieferen Temperaturen. Besonders lange Dornen werden allerdings nur gebildet, wenn dem Kulturmedium ein Stoff zugesetzt wird, der vom Rädertier Asplanchna abgegeben wird. Die Rädertiere der Art Brachionus calyciflorus bilden also bei unterschiedlichen Umweltbedingungen verschieden lange Dornen aus. Sie haben eine genetisch bedingte *Reaktionsnorm*, in der die Ausbildung des Merkmals Dornenlänge schwanken kann. Erfolgt wie im vorliegenden Fall unter dem Einfluß sich ändernder Umweltbedingungen eine stufenlose Abwandlung eines Merkmals, so spricht man von **fließender Modifikation.**

Grundsätzlich anders verhält es sich mit der temperaturabhängigen Änderung der Fellfarbe beim Himalaja-Kaninchen. Werden diese Tiere bei über 30 °C gehalten, so ist das gesamte Fell weiß. Bei Zimmertemperatur dagegen ist die Behaarung im Bereich der Ohrlöffel, der Schwanz- und Schnauzenspitze sowie der Extremitätenenden schwarz. Hier gibt es für die Merkmalsänderung nur ein Entweder-Oder, man spricht daher von **umschlagender Modifikation.**
Man vermutet, daß das für die Melaninbildung verantwortliche Enzym Tyrosinase nur bei Temperaturen unter 34 °C aktiv ist.

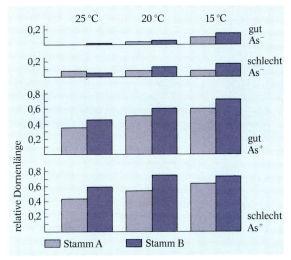

125.2. Relative Dornenlänge bei Rädertieren. *Untersucht wurde die Abhängigkeit der relativen Dornenlänge von der Aufzuchttemperatur (15, 20 und 25 °C), von den Futterbedingungen (gut/schlecht) sowie von dem Asplanchna-Stoff (As⁺: vorhanden: As⁻: fehlte) bei zwei Stämmen A und B.*

1. Beschreiben Sie den Einfluß der Umweltbedingungen auf die Dornenlänge bei Rädertieren.

2. Vergleichen Sie die relative Dornenlänge bei den beiden untersuchten Stämmen A und B. Erklären Sie diese Unterschiede.

Gut genährt = Weibchen?

Der 3 bis 13 mm lange Borstenwurm Ophryotrocha lebt im Meer. Sein Körper besteht aus bis zu 30 Segmenten. Junge Würmer mit 12 bis 20 Segmenten bilden Spermien, sie sind also männlich. Wenn sich die Zahl der Segmente durch weiteres Wachstum auf mehr als 20 erhöht, stellen sie die Spermienproduktion ein und bilden Eizellen. Sie sind zu Weibchen geworden.

In Experimenten hat man die Geschlechtsumwandlung näher untersucht. Ließ man Männchen hungern, so entwickelten sie sich nicht zu Weibchen. Weibchen dagegen, die man hungern ließ, wurden wieder zu Männchen. Eine solche Geschlechtsumwandlung konnte man auch erreichen, wenn man den Körper der Weibchen auf 3–10 Segmente verkürzte. Aus so amputierten Weibchen wuchsen Männchen heran, die später zu Weibchen werden konnten, wenn die Segmentzahl größer als 20 wurde. Brachte man Weibchen, die wenig Eizellen enthielten, mit eireichen Weibchen zusammen, so wandelten sich die eiarmen Weibchen zu Männchen um. Hängt die Ausbildung des Geschlechts wie beim Borstenwurm von Umweltfaktoren ab, spricht man von **modifikatorischer Geschlechtsbestimmung.**

3. Kennzeichnen Sie die Reaktionsnorm des Borstenwurms Ophryotrocha.

4. Welche Umwelteinflüsse sind für die Geschlechtsbestimmung bedeutsam?

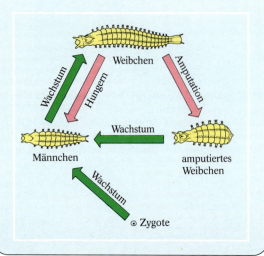

Phänokopie – eine Mutante wird nachgebildet

Behandelt man Eier von Drosophila melanogaster nach 2- bis 3-stündiger Entwicklung für 4 Stunden mit einem Hitzeschock von 35 °C, so entwickeln sich einige der so behandelten Eier zu Formen, die der Drosophila-Mutante „tetraptera" gleichen. Diese Mutante hat vier Flügel: die beiden Schwingkölbchen, die beim Normaltyp von den eigentlichen Flügeln verdeckt werden, sind zu kleinen Flügeln umgebildet. Es wird also durch bestimmte Umwelteinflüsse wie zum Beispiel hohe Temperaturen die normale Merkmalsausbildung verändert. Dadurch entstehen Phänotypen, die denen von bestimmten Mutanten gleichen. Eine solche Modifikation kann als Kopie des Mutanten-Phänotyps betrachtet werden. Man spricht daher von einer **Phänokopie.**

In der unteren Abbildung ist dargestellt, wieviel Prozent unterschiedlich entwickelter Eier von Drosophila sich zu „tetraptera"-Phänokopien entwickeln, wenn man sie einem Hitzeschock aussetzt.

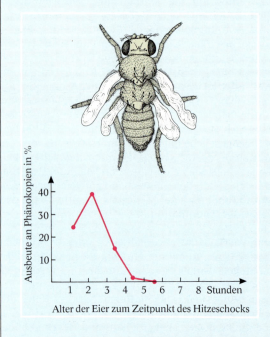

5. Beschreiben Sie die Versuchsergebnisse.

6. Entwickeln Sie eine Hypothese zur Erklärung dieser Ergebnisse.

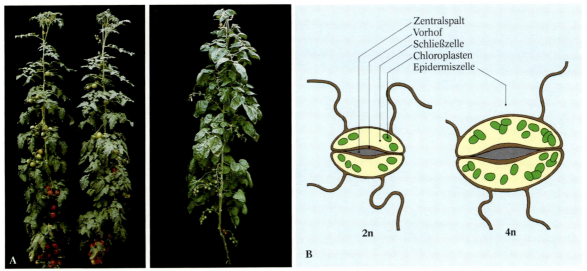

Zentralspalt
Vorhof
Schließzelle
Chloroplasten
Epidermiszelle

2n   4n

B

127.1. Diploide und tetraploide Tomaten. *A Pflanzen; B Schließzellen*

2. Mutationen – das Erbgut wird verändert

2.1. Mutationen von Chromosomen

Die beiden Tomatenpflanzen unterscheiden sich deutlich durch ihre Größe und ihre Blattfläche: Die eine Pflanze ist kleinwüchsig, die andere fällt auf durch ihren hohen Wuchs und ihre vergleichsweise größeren Blätter. Eine mikroskopische Untersuchung der Blattunterseiten erbringt weitere Unterschiede. Bei der hochwüchsigen Pflanze sind die Schließzellen größer und chloroplastenreicher als bei der anderen Tomatenpflanze. Erstaunlicherweise trägt die kleinwüchsigere Tomatenpflanze größere Früchte als die großwüchsige. Wie sind die Unterschiede der beiden Pflanzen zu erklären?

Eine Untersuchung der Karyogramme ergibt, daß die Zellen der kleinwüchsigen Tomatenpflanze 2n = 24 Chromosomen enthalten. Die Zellen der großwüchsigen Tomatenpflanzen dagegen zeigen 48 Chromosomen. Ist der diploide Chromosomensatz der kleinwüchsigen Pflanze hier 2fach vorhanden? Ein detaillierter Vergleich der einzelnen Chromosomen bestätigt diese Annahme: Jedes Chromosom des einfachen Satzes von n = 12 bei der kleinen Tomatenpflanze liegt in den Zellen der großwüchsigen viermal vor. Einen solchen Chromosomensatz bezeichnet man als *tetraploid*. Eine derartige Veränderung des genetischen Materials nennt man **Mutation**. Die vorliegende Veränderung der Chromosomenzahl bezeichnet man als **Genommutation**. Betrifft diese Änderung wie bei der To-

matenpflanze den ganzen Chromosomensatz, so spricht man von **Polyploidie.**

Die Zellkerne polyploider Pflanzen sind vergrößert. Mit der Vergrößerung der Zellkerne geht häufig auch eine Zunahme der Zellgröße und damit eine Vergrößerung der pflanzlichen Organe einher. Bei tetraploiden Tomatenpflanzen findet man größere Blätter. Zahlreiche Zierpflanzen wie das Löwenmäulchen bilden im tetraploiden Zustand größere Blüten aus. Bei Rotklee, Radieschen und bei Reben steigt der Ertrag, wenn man tetraploide Sorten anbaut. Doch nicht immer führt Polyploidie zur Organvergrößerung. Birnenförmige Tomaten haben auf tetraploider Stufe kleinere Früchte als auf diploider Stufe. Triploide Rüben sind ertragreicher als tetraploide.

Polyploidie entsteht, wenn der normale Mitoseablauf gestört ist. Dies kann man im Experiment nachvollziehen, indem man teilungsbereiten Zellen *Colchicin* zusetzt. Dieser Stoff der Herbstzeitlose, ein Zellgift, verhindert, daß der Spindelapparat ausgebildet wird. Die Chromatiden eines Chromosoms lösen sich zwar in der Metaphase voneinander, sie werden jedoch nicht voneinander getrennt. Eine Zellteilung unterbleibt. Somit ist die Zelle tetraploid. Durch wiederholte Colchicineinwirkung kann man auch höhere Ploidiegrade erzielen.

Eine andere Form der Polyploidie wird erreicht, wenn man zwei verwandte Arten mit den Genomen AA und BB miteinander kreuzt. Zunächst entsteht der Bastard mit dem Genom AB. Durch Unregelmäßigkeiten in der

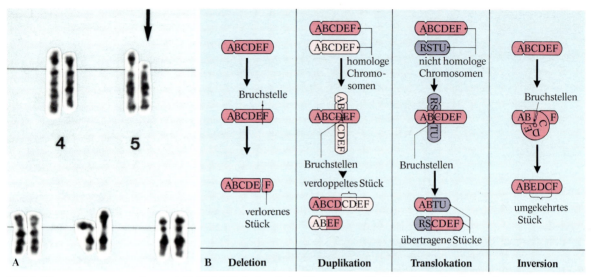

128.1. Chromosomenmutationen. *A LM-Bild (Deletion beim Chromosom Nr. 5 des Menschen); B Schema*

Meiose kann es zu Gameten mit dem Genom der Mutterpflanze kommen: AB. Verschmelzen solche Gameten miteinander, ist die Zygote und heranwachsende Pflanze tetraploid: AABB. Solche Formen der Polyploidie findet man bei vielen Kulturpflanzen wie zum Beispiel dem Raps.

Teilungsfähiges Gewebe der Pferdebohne wird Röntgenstrahlen ausgesetzt. Sodann fertigt man Karyogramme der so behandelten Zellen an. Im Vergleich mit Karyogrammen nicht bestrahlter Zellen erkennt man, daß sich die Struktur einiger Chromosomen verändert hat. Es haben **Chromosomenmutationen** stattgefunden. So ist zum Beispiel von einem Chromosom ein Stück abgesprengt worden. Man bezeichnet einen solchen Verlust eines Chromosomenstückes als **Deletion.** Solche Chromosomenstücke können sich an andere Chromosomen anheften. So kann es bei homologen Chromosomen zu einer Verdopplung eines Chromosomenabschnitts kommen. Eine derartige Chromosomenmutation nennt man **Duplikation.** Wird jedoch ein Abschnitt eines nicht homologen Chromosoms auf ein anderes Chromosom verlagert, so spricht man von einer **Translokation.** Es ist auch möglich, daß ein Chromosomenstück um 180° umgekehrt wurde. Durch eine solche **Inversion** ist die lineare Anordnung der Gene innerhalb eines Chromosoms verändert. Chromosomenmutationen, insbesondere Deletionen, führen häufig dazu, daß die betroffenen Zellen absterben.

1. Wodurch unterscheidet sich die Polyploidie bei der Tomate von der des Rapses?

2. Wie kann man polyploide Formen gezielt erzeugen?

3. Wie kann man diploide von polyploiden Pflanzen unterscheiden?

4. Nehmen Sie zu folgender Aussage Stellung: „Das Saatgut triploider Rüben muß ständig durch Kreuzung neu hergestellt werden."

5. Bei Chromosomenmutationen wird entweder die Menge des genetischen Materials verändert oder aber die Anordnung der Gene in einem oder mehreren Chromosomen umgestellt. Ordnen Sie die vier beschriebenen Chromosomenmutationen einer der beiden Gruppen zu.

6. Krebs ist insbesondere dadurch gekennzeichnet, daß sich Zellen unkontrolliert vermehren. Bei der Krebsbekämpfung setzt man radioaktive Strahlen oder aber Chemikalien ein, die eine den radioaktiven Strahlen vergleichbare Wirkung hervorrufen. Erläutern Sie das Prinzip dieser Behandlung und nennen Sie mögliche Nebenwirkungen.

2.2. Veränderungen der DNA

In malariaverseuchten Gebieten Zentralafrikas trifft man auf Bevölkerungsgruppen, die zu fast 40% resistent gegenüber Malaria-Erregern sind. Untersucht man das Blut solcher malariaresistenter Personen unter dem Mikroskop, so erkennt man neben normalen roten Blutkörperchen auch solche, die durch ihre Sichelform auffallen. Steht diese Formveränderung der roten Blutzellen mit der Malariaresistenz in einem Zusammenhang?

Normalerweise enthalten rote Blutkörperchen den Blutfarbstoff Hämoglobin A. Die vier Polypeptidketten dieses Makromoleküls setzen sich aus 2 α-Ketten und 2 β-Ketten zusammen. Die roten Blutkörperchen malariaresistenter Menschen besitzen neben Hämoglobin A einen weiteren Blutfarbstoff: Hämoglobin S. Dessen Proteinanteil besteht ebenfalls aus 4 Polypeptidketten. In den beiden β-Ketten jedoch ist die in Position 6 befindliche Aminosäure Glutaminsäure gegen Valin ausgetauscht. Da die Polypeptide des Hämoglobins Genprodukte sind, muß die Veränderung der Aminosäuresequenz in der β-Kette auf eine Veränderung der genetischen Information zurückzuführen sein. Tatsächlich läßt sich auf der DNA, die für die Codierung von Hämoglobin S verantwortlich ist, eine veränderte Basensequenz nachweisen. Statt des Tripletts GAG für Glutaminsäure findet man das Triplett GTG, das Valin codiert. Es liegt ein *Basenaustausch* vor: Adenin wurde gegen Thymin ausgetauscht. Solche Veränderungen der genetischen Information, die sich auf nur ein Gen beziehen und sich somit auf nur ein Genprodukt auswirken, bezeichnet man als **Genmutation.**

Das Vorhandensein von Hämoglobin A und Hämoglobin S bei malariaresistenten Personen läßt sich mit der Annahme erklären, daß bei ihnen nur auf einem Chromosom eine Genmutation stattgefunden hat. Sie sind folglich heterozygot für diese Mutation. Unter Sauerstoffmangel und nach Befall durch Malaria-Erreger neigt Hämoglobin S dazu, lange, dünne Stränge zu bilden. Diese verzerren die normalerweise scheibenförmigen roten Blutkörperchen zu den halbmondförmigen Sichelzellen. Dabei vergrößert sich die Durchlässigkeit der Zellmembran für K$^+$-Ionen. Der K$^+$-Spiegel in den Blutzellen sinkt. Der Malaria-Erreger geht zugrunde und kann sich nicht weiter im Organismus vermehren. So erklärt sich die Resistenz der heterozygoten Merkmalsträger gegenüber dem Malaria-Erreger.

Bei Personen, die für diese Mutation homozygot sind, bilden sich schon unter normalen Bedingungen Sichelzellen. Diese verstopfen Blutgefäße, was zur weiteren Sichelzellenbildung führt. Die Betroffenen leiden unter einer *Sichelzellenanämie*. Ohne intensive medizinische Hilfe sterben sie zumeist schon in den ersten Lebensjahren.

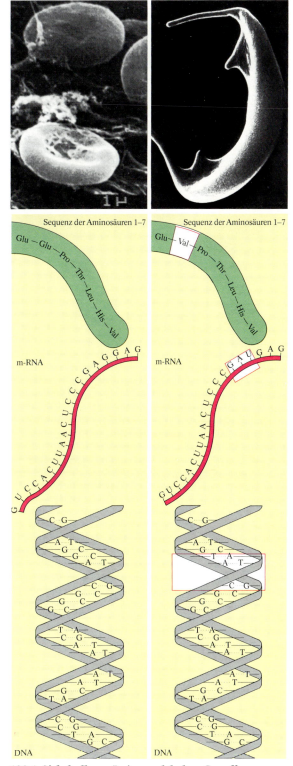

129.1. Sichelzellenanämie – molekulare Grundlagen

Fluktuationstest

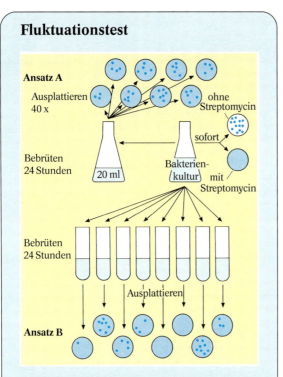

Ansatz A

Ausplattieren
40 x

ohne
Streptomycin

Bebrüten
24 Stunden

20 ml

Bakterien-
kultur

sofort

mit
Streptomycin

Bebrüten
24 Stunden

Ausplattieren

Ansatz B

Eine Bakterienkultur wird stark verdünnt. Sodann streicht man je eine Probe dieser Lösung auf einen normalen Nährboden und auf einen Nährboden, der das Antibiotikum Streptomycin enthält. 20 ml der Lösung beläßt man in einem Kulturgefäß (Ansatz A). Weitere 20 ml (Ansatz B) teilt man zu je 0,5 ml auf 40 Kulturgefäße auf. Nun werden beide Ansätze bebrütet. Die Bakterien vermehren sich stark. Nach 24 Stunden werden vom Ansatz A je 0,5 ml auf insgesamt 40 streptomycinhaltige Nährbodenplatten gleichmäßig verteilt (ausplattiert). Auch die 40 Teilkulturen des Ansatzes B streicht man auf insgesamt 40 Nährbodenplatten aus. Alle Platten werden zwei Tage bei 37 °C bebrütet. Das Ergebnis ist auszugsweise in der Abbildung dargestellt. Bakterienkolonien sind durch dunkelblaue Punkte dargestellt. Zur Erklärung dieses Experiments können zwei Hypothesen herangezogen werden:
1. Bakterien werden durch die Einwirkung von Streptomycin resistent.
2. Schon vor der Streptomycineinwirkung waren einige Bakterien resistent.

1. Überprüfen Sie, welche Hypothese durch die Versuchsergebnisse bestätigt wird.

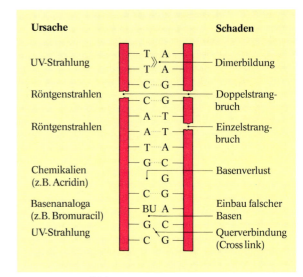

Ursache	Schaden
UV-Strahlung	Dimerbildung
Röntgenstrahlen	Doppelstrangbruch
Röntgenstrahlen	Einzelstrangbruch
Chemikalien (z.B. Acridin)	Basenverlust
Basenanaloga (z.B. Bromuracil)	Einbau falscher Basen
UV-Strahlung	Querverbindung (Cross link)

130.1. DNA-Schäden

Bei der Sichelzellenanämie wird die Merkmalsausbildung gestört, weil durch den Austausch einer Base in der DNA die genetische Information verändert wurde. Auch durch einen Basenverlust oder den Einbau einer zusätzlichen Base wird der Informationsgehalt der DNA verändert. Solche Mutationen können ebenfalls die Ausbildung eines Merkmals verändern.

Daneben lassen sich an der DNA Schäden feststellen, die zwar die genetische Information nicht verändern, wohl aber die Funktion der DNA beeinflussen. So reagieren unter dem Einfluß von UV-Strahlung zwei benachbarte Thymin-Moleküle miteinander, sie bilden ein *Dimer*. Dadurch ist in dem betroffenen Bereich sowohl die Replikation als auch die Transkription gestört. Wie wird die Zelle mit solchen DNA-Schäden fertig?

Zur Klärung dieser Frage markierte man zunächst die DNA von Bakterien mit ^{2}H-Thymidin. Sodann wurden die Zellen einer so hohen UV-Dosis ausgesetzt, daß mit einer Thymindimerbildung zu rechnen war. Die so behandelten Zellen wurden 30 Minuten im Dunkeln weitergezüchtet und dann auf das Vorhandensein von ^{3}H-markierten Thymindimeren untersucht. Man fand solche Dimere nicht mehr im intakten DNA-Molekül, sondern nur in kurzen Nucleotidketten, die alle eine Länge von etwa 6 Nucleotiden hatten. Aufgrund dieser und weiterer Befunde nimmt man folgenden Reparaturmechanismus an: Die Schadensstelle wird durch ein Enzym (Endonuclease) „erkannt". Sodann wird das Zucker-Phosphat-Band des DNA-Einzelstranges,

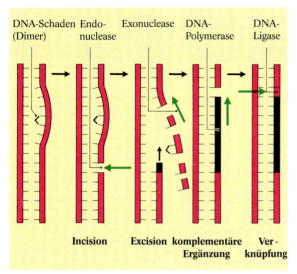

131.1. Reparatur eines DNA-Schadens

auf dem sich das Dimer befindet, eingeschnitten. Man spricht von einer *Incision*. Mit Hilfe der DNA-Polymerase werden neben den beschädigten Nucleotiden auch angrenzende Nucleotide ausgeschnitten. Diesen Vorgang bezeichnet man als *Excision*. Gleichzeitig werden mit Hilfe der Polymerase komplementär zum intakten DNA-Einzelstrang neue Nucleotide angeknüpft. Ein drittes Enzym, die DNA-Ligase, verknüpft abschließend das neu synthetisierte Polynucleotidstück mit dem DNA-Einzelstrang. Diesen Reparaturvorgang bezeichnet man als **Excisionsreparatur** (Ausschnittsreparatur). Bei allen Organismen, die man daraufhin untersucht hat, konnte dieser Reparaturmechanismus gefunden und nachgewiesen werden.

2. Durch Röntgenstrahlen oder auch β-Strahlen werden Einzelstrangbrüche hervorgerufen. Wie könnte eine Reparatur eines solchen DNA-Schadens ablaufen?

3. Wie könnte der Einbau einer falschen Base von der Zelle erkannt werden?

4. Welcher DNA-Schaden könnte bei der Reparatur eines Dimer-Schadens zusätzlich auftreten?

Braun und gesund?

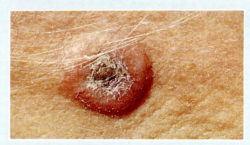

131.2. Hautkrebs

Hautärzte schätzen, daß die Hautkrebserkrankungen in den nächsten Jahrzehnten um mehr als 50% zunehmen könnten. Sie machen dafür insbesondere die Neigung vieler Menschen verantwortlich, sich durch die Sonne oder Heimsonnen intensiv bräunen zu lassen. Motivforscher haben ermittelt, daß viele Menschen gebräunte Haut in Zusammenhang bringen mit Erfolg, Vitalität und Gesundheit. Hautärzte können jedoch belegen, daß krebsartige Erkrankungen der Haut besonders häufig bei Menschen auftreten, die sich verstärkt der Sonne aussetzen.

Die Strahlung der Sonne setzt sich aus Strahlen unterschiedlicher Wellenlängen zusammen. Den Bereich von 390–200 nm bezeichnet man als *Ultraviolett*(UV)-Strahlung. Während die langwellige UV-Strahlung (315–390 nm) lediglich die Haut bräunt, führt die kurzwelligere UV-Strahlung (280–315 nm) zur Rötung der Haut. In schweren Fällen kommt es zum Sonnenbrand. Die Haut wird geschädigt.

Die Schädigung kann man auch auf molekularer Ebene untersuchen. Die kurzwelligere UV-Strahlung wird bevorzugt von der DNA absorbiert. Dabei kommt es u.a. zur *Dimerbildung*. Diese DNA-Fehler werden normalerweise mit Hilfe eines Reparatursystems behoben. Bei intensiver Sonnenlichteinstrahlung treten solche Fehler jedoch gehäuft auf. Nicht jede Reparatur gelingt. Es entstehen Zellen mit einer überhöhten Teilungsrate. Ein *Tumor* entwickelt sich.

Ein Großteil der UV-Strahlung wird durch den Ozonschild in der Atmosphäre absorbiert. Man vermutet, daß Treibgase wie Freon diese Ozonschicht verringern. Dadurch wird die UV-Einstrahlung auf die Erdoberfläche verstärkt und das Tumorrisiko erhöht.

Angewandte Genetik

132.1. Weizenarten. *A Saatweizen; B Emmer*

1. Züchtung bei Pflanzen und Tieren

Kultur contra Natur

Der heutige *Kulturweizen* (Triticum aestivum) entstand aus mehreren Wildformen. Eine dieser Wildformen ist das *Wildeinkorn* (Triticum monococcum). Das Wildeinkorn gehört in die Gruppe der Wildgräser. Diese haben eine brüchige Ährenspindel. Zur Zeit der Samenreife bricht die Ährenspindel an mehreren Stellen. Die Ährchen fallen in Form pfeilförmiger Stücke zu Boden und dringen leicht in die Erde ein. Hier können sie Trockenheit des Steppensommers gut überstehen, denn die vielen Schichten der Spelze und Kleie schützen sie vor der Austrocknung. Man vermutet nun, daß frühe Ackerbauern vor etwa 10 000 Jahren im Nahen Osten unter den ausgesäten Wildgräsern bevorzugt die Ähren einsammelten, deren Spindeln nicht so leicht brachen. Die Ernte von Ähren, die beim Einsammeln zerbrachen, war mühsamer und weniger ertragreich. Die Körner der bruchfesten Ähren wurden wieder ausgesät.

Es trafen also zwei konkurrierende „Interessen" aufeinander. Die Ackerbauern verfolgten das Zuchtziel „Bruchfestigkeit der Ährenspindel". In der Natur wurden Wildgräser „bevorzugt", deren Ährenspindel eben nicht bruchfest war.

1.1. Die Zuchtziele setzt der Mensch

Die ältesten Funde vom *Emmer* sind mindestens 17 000 Jahre alt. Sehr viel jünger sind entsprechende Funde des *Saatweizens*, etwa 600 v. Christus. Der Saatweizen ist ertragreicher als der Emmer. Die *Ertragssteigerung* ist eines der ältesten **Zuchtziele,** die sich der Mensch setzte. Auch in jüngster Zeit wurde dieses Zuchtziel intensiv und wirkungsvoll verfolgt (Abb. 133.1.).

Aber gerade der Vergleich von Emmer und Saatweizen zeigt, daß auch andere Merkmale für die Züchter wichtig waren. Der Emmer hat bereits eine Ährenspindel, die bei der Reife nicht wie bei früheren Weizensorten in kleine Stücke zerbricht. Die Teil-„Ährchen" halten jedoch noch zwei bis drei Körner zusammen mit den Spelzen so fest an einem Stielchen, daß sie sich nicht ausdreschen lassen. Man hat vermutlich diese Ährchen einschließlich des Stiels geröstet und gegessen. Das Zuchtziel *Dreschfähigkeit* wurde dann beim Saatweizen erreicht: Das Korn fällt leicht aus den Spelzen und kann so gesondert verarbeitet werden. Um eine Ausweitung der Anbaugebiete zu erreichen, züchtete man einerseits *kälteresistente* Weizensorten und andererseits solche, die aufgrund *beschleunigter Reifung* auch dort angebaut werden können, in denen sechs Monate lang Winter ist. In wärmeren Ländern setzt man bevorzugt solche Sorten ein, die *resistent gegenüber Rostpilzen* sind. In der Pflanzenzüchtung ist ein sehr wichtiges Züchtungsziel, gegen tierische und

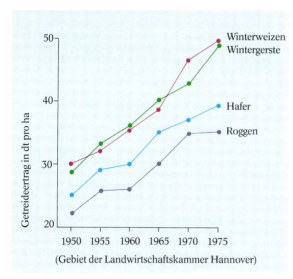

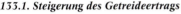

(Gebiet der Landwirtschaftskammer Hannover)

133.1. Steigerung des Getreideertrags

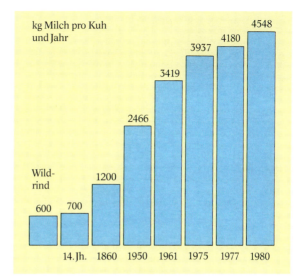

133.2. Steigerung der Milchleistung

pflanzliche Schädlinge resistente Sorten zu gewinnen. Dadurch können die Kosten zur Bekämpfung dieser Schädlinge gesenkt werden. Zudem kann die Belastung der Böden und des Grundwassers mit Pestiziden gemindert werden.

Pflanzenzüchter bemühen sich auch um eine Verbesserung der *chemischen Zusammensetzung* der genutzten Pflanzenteile, wie zum Beispiel um eine Erhöhung des Proteingehaltes bei neuen Weizensorten. Wichtige zukünftige Zuchtziele erhofft man mit Hilfe der Genmanipulation zu erreichen, so zum Beispiel Sorten, die eine Symbiose mit stickstoffbindenden Wurzelbakterien eingehen und somit unabhängig von der Stickstoffdüngung werden.

Auch in der Tierzüchtung bemühte man sich erfolgreich um eine *Leistungssteigerung.* So konnte z.B. der *Jahresmilchertrag* von 1950 bis 1980 fast verdoppelt werden. In der Schweine- und Rindermast bevorzugt man Rassen, die das *Futter gut verwerten* und *hochwertiges Eiweiß* liefern. Immer bedeutsamer wird die Resistenz gegenüber Seuchen wie zum Beispiel der Schweinepest. In Betrieben mit Massentierhaltung breiten sich Seuchen rasch aus und führen zu hohen finanziellen Einbußen.

1. Nennen Sie mögliche weitere Zuchtziele in der Tier- und Pflanzenzüchtung.

Ertragreich und gesund?

Beim veredelten Deutschen Landschwein wurden viele Zuchtziele verwirklicht. Das angebotene Futter wird von ihm z.B. wirkungsvoller und schneller verwertet als bei früheren Rassen. Das Deutsche Landschwein benötigt 3,5 kg Futter (Trockenmasse), um 1 kg Körpergewicht zu bilden. Hatte ein Schwein im Mittelalter noch 5 Jahre Zeit, um sein Endgewicht von 100 kg zu erreichen, so sind heutige Schweine nach 6 Monaten schlachtreif.

Andererseits sind heutige Rassen sehr anfällig. Schon bei geringen Anlässen reagieren sie mit einer Streßreaktion. In den 60er Jahren starben in der Bundesrepublik Deutschland jährlich 400 000 Schweine auf dem Transport in die Schlachthäuser. Heute verabreicht man den Schweinen für ihren letzten Weg Beruhigungsmittel. Aufgrund seiner Schnellwüchsigkeit erreicht ein Schwein sein Endgewicht zwei Jahre früher, als sein Skelett ausgewachsen und vollständig verknöchert ist. Regelmäßig stellen sich Gelenkerkrankungen ein.

2. Stellen Sie Vor- und Nachteile der Hochleistungszucht gegenüber.

134.1. Samen einer Bohnenpflanze

1. Die Samen einer Packung Bohnen werden in der Länge gemessen und in Klassen von 6, 7, 8 ... 20 mm eingeordnet. Der Befund wird auf Millimeterpapier graphisch dargestellt (y-Achse: Anzahl, x-Achse: Länge).

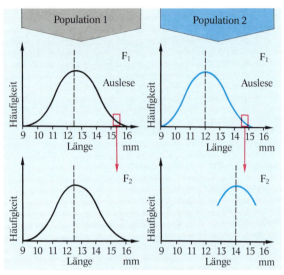

134.2. Auslese von Bohnensamen (zwei Populationen)

Von bitter zu süß

Früher baute man die aus dem Mittelmeerraum stammenden gelben und blauen Lupinen zur Gründüngung an: Die Pflanzen wurden nicht geerntet, sondern untergepflügt. Lupinen sind wie auch andere Schmetterlingsblütler befähigt, den Luftstickstoff zu binden und somit eine Stickstoffdüngung überflüssig zu machen. Zur Verfütterung war diese Pflanze nicht geeignet, da sie Bitterstoffe enthielt. Bei Schafen rufen diese Bitterstoffe die Lupinenkrankheit hervor. In den dreißiger Jahren versuchte v. SENGBUSCH, durch Auslese bitterstofffreie Pflanzen zu finden. Er überprüfte dazu mehr als eineinhalb Millionen Lupinenpflanzen und fand darunter einige bitterstofffreie. Diese Mutanten züchtete er weiter. Dadurch konnte die Lupine auch als Futterpflanze verwendet werden.

2. Bei der bitterstofffreien Lupine fehlt ein Enzym zur Synthese des Bitterstoffs. Wie wird das Merkmal „bitterstofffrei" vererbt? War dadurch die Vermehrung dieser Formen erleichtert oder erschwert?

1.2. Methoden der Züchtung

Ein Bohnenfeld wird abgeerntet. Eine Probe von einigen Hundert Bohnen wird nach Länge der Bohnen sortiert. Man erhält wenige sehr kleine Bohnen von nur 8 mm Länge. Die Mehrzahl der Bohnen ist 10–13 mm lang, wenige Samen überschreiten diese Länge. Der Mittelwert der Länge beträgt 12 mm. Als besonders gut verkäuflich gelten Bohnen mit einer Länge von mehr als 11 mm. Kann man eine Sorte züchten, die nur relativ große Bohnen hervorbringt?

Es liegt nahe, große Bohnensamen mit einer Länge von zum Beispiel 13 mm auszulesen und nur diese Samen auszusäen. In der nachfolgenden Generation kann man Bohnen ernten, die eine größere durchschnittliche Länge haben: 13 mm. Dieses Verfahren läßt sich wiederholen, und man kann so möglicherweise eine Bohnensorte mit einer Durchschnittslänge von 13,5 mm erzielen. Diese Form der Züchtung bezeichnet man als **Auslesezüchtung.** Aus einer Population pflanzlicher oder tierischer Organismen unterschiedlichen Phänotyps liest der Züchter diejenigen aus, die das gewünschte Merkmal tragen. Diese Formen werden zur Weiterzucht verwendet. Die Methode der Auslesezüchtung wurde schon in früher Zeit praktiziert: Der Mensch wählte aus den angebauten Wildpflanzen und den aufgezogenen Wildtieren die Formen zur Vermehrung aus, die seinen Zuchtzielen am besten entsprachen.

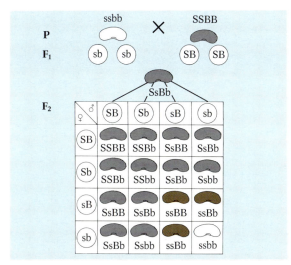

135.1. Kreuzung der Bohnensorten Wachs Ideal und Wachs Neger

Erfolgreich ist allerdings nur die Weiterzucht der Individuen, deren gewünschte Merkmalsausprägung genetisch bedingt ist. Dies kann der Fall sein, wenn die Ausgangspopulation genetisch uneinheitlich war. Handelt es sich bei der Population jedoch um eine *reine Linie*, so sind alle Individuen bezüglich des Merkmals erbgleich. Merkmalsunterschiede sind dann umweltbedingt und werden nicht auf die Nachkommen übertragen (Abb. 134.2.).

Will man Sorten mit völlig neuen Merkmalen züchten, so führt die Auslesezüchtung nur langsam zum Ziel: Die Häufigkeit entsprechender Mutationen ist gering. Ein schnellerer Erfolg stellt sich ein, wenn man zwei Sorten mit unterschiedlichem Genotyp miteinander kreuzt: Die Buschbohnensorte „Wachs Neger" trägt schwarze Bohnen, die Sorte „Wachs Ideal" weiße Bohnen. Kreuzt man diese beiden Sorten miteinander, so erhält man in der F_2-Generation neben den elterlichen Sorten auch eine Form, die braune Bohnen hervorbringt. Durch Neukombination von Genen bzw. Allelen ist eine neue Sorte entstanden. Man spricht daher von **Kombinationszüchtung.**

So entstand durch diese Züchtungsmethode auch der *Panzerweizen.* Dazu kreuzte man eine frostfeste, aber wenig ertragreiche Weizensorte aus Schweden mit dem ertragreichen, aber kälteempfindlichen englischen Dickkopfweizen. Man erhielt so eine Sorte, die die Merkmale „hoher Ertrag" und „Winterfestigkeit" in sich vereinigte.

Durch die Ramschmethode zu guten Sorten?

Bei der Kombinationskreuzung kann der Pflanzenzüchter schon in der F_2-Generation mit der Auslese neuer Genotypen beginnen und ihre Nachkommenschaft überprüfen. Dabei wird er wiederholt heterozygote Pflanzen mit auslesen, aus denen sich in der nachfolgenden Generation unerwünschte Formen herausspalten. Es erweist sich als relativ langwierig, bis ausreichend viele Pflanzen mit den gewünschten Zuchtzielen herangezogen sind. Bei *Selbstbefruchtern* kann man diese Schwierigkeiten umgehen, indem man die Kreuzungsprodukte über 5 Generationen hinweg in großem Umfang anbaut, dabei jedoch nicht ausliest. Die Homozygoten bringen jeweils homozygote Nachkommen hervor. Von den Heterozygoten spalten sich immer wieder homozygote Formen ab. Im Laufe der Generationen nimmt die Häufigkeit der heterozygoten Formen ab, die der homozygoten zu. Dieses Verfahren bezeichnet man als **Ramschzüchtung.** Sie bietet den Vorteil, daß der Züchter in der 5. Generation, wenn er mit der Auslese beginnt, auf bereits vorgesiebtes und weitgehend homozygotes Material trifft. Das Ergebnis kann verbessert werden, wenn die Populationen unter den Bedingungen wachsen, die für die zu züchtende Sorte vorteilhaft sind. Dabei werden zusätzlich nicht gewünschte Pflanzen ausgelesen.

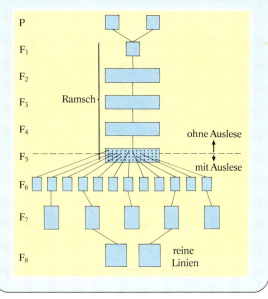

Triticale, das „künstliche Getreide"

136.1. Triticale

Seit langer Zeit bemühten sich Pflanzenzüchter um eine Getreidesorte, die die Frosthärte des Roggens und die Nährstoffzusammensetzung des Weizens in sich vereinigt. 1939 berichtete der Pflanzenzüchter MÜNTZING von dem neuen Getreide *Triticale*. Dazu wurden zwei Getreidesorten aus verschiedenen Gattungen miteinander gekreuzt: Den Hybrid aus Weizen (**Triti**cum) und Roggen (Se**cale**) nannte man **Triticale.** Vom Aussehen der Pflanze und in den Eigenschaften der Körner entspricht Triticale dem Weizen. Aber der Wuchs ist kräftiger, Ähren und Körner sind größer.

1950 war die Triticale-Züchtung so weit vorangekommen, daß die ausgesäten Sorten bis auf 90% an den Ertrag des Weizens herankamen. Bis zum Jahr 1967 gelang die Herauskreuzung von Sorten, deren Ertrag den des besten kanadischen Brotweizens erreichte. In neuester Zeit gelang es, Formen zu züchten, die ertragreicher sind als die besten Weizensorten.

3. Man unterscheidet zwischen hexaploiden (6n) und oktaploiden (8n) Triticale-Formen. Beim Weizen kennt man u.a. tetraploide (AABB) und hexaploide (AABBDD) Sorten, beim Roggen nur die diploide (RR) Form. In beiden Fällen ist n=7. Skizzieren Sie das Zustandekommen der beiden Triticale-Sorten.

4. Bei vielen Triticale-Sorten blieben die Nachkommen steril. Entwickeln Sie eine Hypothese zur Erklärung dieses Sachverhaltes.

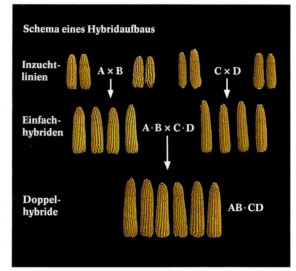

136.2. Hybridzüchtung beim Mais

Die heutigen Maiserträge sind recht hoch, allerdings ist das Saatgut verhältnismäßig teuer. Dennoch verwendet kein Maisbauer den geernteten Mais zur Wiederaussaat. Es ist bekannt, daß die nachfolgende Ernte deutlich schlechter ausfallen würde. Wie ist dieser Sachverhalt zu erklären?

Lange Zeit gewann man die benötigte Maissaat durch Auslese von Pflanzen, deren Kolben viele große Körner trugen. Pflanzen mit solchen Kolben kreuzte man miteinander. Diese Kreuzung nahe verwandter Formen bezeichnet man als *Inzucht.* Solche Inzuchten führten jedoch zu wenig widerstandsfähigen und weniger ertragreichen Formen. Man spricht hier von *Inzuchtdepression.* Nur wenn man Sorten aus anderen Regionen einkreuzte, stieg der Ertrag wieder an. Auf Grund dieser Beobachtungen entwickelte man folgende Methode: Zwei Sorten A und B werden über mehrere Generationen durch Inzucht vermehrt. Man erhält dadurch zwei *Inzuchtlinien.* Nun werden diese beiden Stämme miteinander gekreuzt. Die Nachkommen – man spricht auch von *Hybriden* – sind ertragreicher als die Ausgangsstämme. Man erklärt diese Steigerung damit, daß die Hybridpflanzen für viele Merkmale, z.B. Temperaturoptima von Enzymen, heterozygot sind. Man spricht daher von einem *Heterosiseffekt.* Diese Form der Züchtung bezeichnet man als Heterosiszüchtung oder auch als **Hybridzüchtung.** Die Nachkommen von Hybridformen zeigen den Heterosiseffekt nicht oder nur in abgeschwächter Form. Man muß also die Hybride immer wieder neu aus Inzuchtlinien

Nutzpflanze	Anzahl der Chromosomensätze	Kennzeichnung der Chromosomensätze
Apfel	2n=34	AA
	4n=68	AAAA
Erdbeere	4n=28	AAAA
	8n=56	AAAAAAAA
Hafer	6n=42	AAAAAA
Kartoffel	4n=48	AABB
Kirsche	2n=16	AA
	4n=32	AAAA
	8n=64	AAAAAAAA
Luzerne	4n=32	AAAA
Raps	4n=38	AABB
Rauhweizen	4n=28	AABB
Saatweizen	6n=42	AABBCC
Zuckerrübe	3n=27	AAA

137.1. Polyploidie einiger Nutzpflanzen

züchten. Beim Mais erweisen sich *Doppelhybride* als besonders ertragreich (Abb. 136.1.).

Als bedeutsame neue Methode muß die **Mutationszüchtung** genannt werden. Man behandelt Geschlechtszellen oder Zellen aus Zellkulturen mit Röntgenstrahlen oder Reagenzien wie Ethylimin. Dadurch werden Gen- bzw. Chromosomenmutationen ausgelöst. Mit Hilfe von Colchicin kann man bei Pflanzen Genommutationen erzielen. Die geeigneten Mutanten werden ausgelesen und für die Weiterzucht verwendet.

5. Vergleichen Sie den Erbgang bei der Kreuzung der beiden Buschbohnensorten mit den Ihnen bekannten dihybriden Erbgängen.

6. Warum beschränkt man sich nicht allein auf die Auslesezüchtung?

7. Welche Vorteile bietet die Inzucht?

8. Warum verwendet man Teile der Ernte, die man mit Hybridreis erzielt hat, nicht zur Aussaat?

9. 1970 wurden große Teile der amerikanischen Maisernte durch eine Mutante des Pilzes Helmintosporum vernichtet. Stellen Sie einen möglichen Zusammenhang zur Hybridmaiszüchtung her.

Genbanken

Reis ist ein einjähriges Gras, es gehört also zur selben Familie wie Hafer, Roggen oder Weizen. Die Gattung Reis umfaßt 20 Arten. Kultiviert werden nur zwei Arten: Der asiatische Reis *Oryza sativa* und der westafrikanische Reis *Oryza glaberrima*. Archäologischen Befunden nach wurde Reis in Asien vor mehr als 7000 Jahren, in Afrika dagegen erst später unter Kultur genommen. Während dieser Zeit dürften fast 120 000 Sorten entstanden sein. Jedes größere Reisland Asiens sammelt seit den dreißiger Jahren die Samen von zahlreichen, dort heimischen Sorten. Selbst die kleinste Sammlung – in Laos – umfaßt mehrere hundert Sorten. Die Sammlung des klassischen Reislandes China dagegen kann auf rund 40 000 Sorten verweisen. In den meisten nationalen Sammlungen findet man bevorzugt wichtige kommerzielle Sorten, weniger bedeutende und primitive Landsorten. Kaum vertreten sind Wildformen. Da Gefrieranlagen zur Lagerung häufig fehlen, müssen die Sorten jedes Jahr neu ausgesät und geerntet werden. Dabei kommt es zu Vermischungen, Verlusten und Verwechselungen.

1961 gründete das Internationale Reis-Forschungsinstitut seine **Genbank.** Es verfügt über eine Tiefgefrieranlage, damit kann die Keimfähigkeit über viele Jahre erhalten werden. 1983 umfaßte diese Sammlung bereits 63 000 asiatische und 2575 afrikanische Kulturformen sowie 1100 Wildformen. Zusätzlich werden dort 680 spezielle Sorten gelagert, die man nur hält, um genetische Merkmale zu prüfen. Sicherheitshalber wird ein Doppel dieser einmaligen Samenkollektion am amerikanischen National Seed Storage Laboratory in Fort Collins aufbewahrt.
Diese Genbank steht allen Ländern zur Verfügung. Vor zwei Jahren bat Kambodscha um Überlassung einer Reihe dort traditionell angebauter Reissorten, die im Verlaufe der jüngsten Kriege verlorengegangen waren. In der Genbank lagerten 800 kambodschanische Reissorten, so daß dem Land die gewünschten 140 Sorten geliefert werden konnten. Ohne diese Sammlung wären die an die regionalen Bedingungen Kambodschas angepaßten traditionellen Sorten vielleicht für immer verloren gewesen.

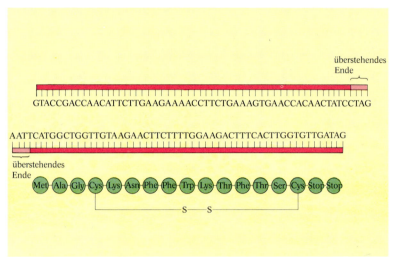

138.1. Riesenwuchs

138.2. Somatostatin-Aminosäuresequenz und Basensequenz des künstlichen Somatostatin-Gens

2. Genetische Manipulation – zum Wohl des Menschen?

2.1. Gene lassen sich verpflanzen

Der Mann in Abb. 138.1. erreicht eine Größe von 2,22 m. Man spricht von *Riesenwuchs*. Es kann zu einem solchen ungewöhnlichen Längenwachstum kommen, wenn die Hypophyse zuviel *Wachstumshormon* ausschüttet. Dieses Hormon fördert u.a. das Längenwachstum von Knochen. Liegen im jugendlichen Alter zu hohe Hormonkonzentrationen im Blut vor, kommt es zum Riesenwuchs.

Die Ausschüttung des Wachstumshormons wird durch verschiedene Faktoren gesteuert. Das Hormon *Somatostatin* senkt den Spiegel des Wachstumshormons im Blut. Durch Verabreichung dieses Hormons könnte man möglicherweise die Entwicklung zum Riesenwuchs verhindern. Früher war die Gewinnung von Somatostatin sehr aufwendig und entsprechend kostspielig. So mußte der Entdecker des tierischen Somatostatins 500 000 Schafhirne aufarbeiten, um 5 Milligramm dieses einfach aufgebauten Hormons zu gewinnen. 1977 gelang es BOYER und seinen Mitarbeitern, die gleiche Menge Somatostatin aus nur 8 Litern Bakteriensuspension zu isolieren. Wodurch wurde dieser Erfolg möglich?

Somatostatin besteht aus 14 Aminosäuren. Das Gen für dieses Hormon mußte daher aus nur $14 \cdot 3 = 42$ Nucleotiden aufgebaut sein. Nachdem die Aminosäuresequenz des Somatostatins bekannt war, konnte man im

Labor ein Somatostatin-Gen schaffen. An das eine Ende des Gens hängte man ein einzelsträngiges Polynucleotidstück mit der Basensequenz TTAA, an das andere Ende einen Einzelstrang mit der Basenfolge CTAG.

Um das Gen in Bakterienzellen einzuschleusen, bediente man sich bestimmter **Plasmide.** Das sind kleine, ringförmige DNA-Moleküle, die neben dem Hauptchromosom in Bakterien gefunden werden. Plasmide können von Bakterien aufgenommen und abgegeben werden. Auf solche Plamide ließ man Enzyme einwirken, die das ringförmige DNA-Molekül an bestimmten Stellen „aufschneiden". Dabei wird der Schnitt so geführt, daß am Schnittende jeweils ein Einzelstrang mit einer bestimmten Nucleotidsequenz übersteht. Das eine Enzym führte zur Bildung eines überstehenden Polynucleotidstücks mit der Basenabfolge AATT; durch das andere Enzym wurde ein überstehendes Ende mit der Basenabfolge GATC erzielt. Zu diesem aufgeschnittenen Plasmid mit zwei überstehenden Einzelsträngen gab man das Somatostatin-Gen. Dessen überstehende Einzelstränge waren komplementär zu denen des Plasmids. So war eine komplementäre Anlagerung möglich. Mit Hilfe des Enzyms DNA-Ligase konnten die überstehenden Einzelstränge mit den nicht überstehenden verknüpft werden. Das Somatostatin-Gen war in das Plasmid integriert worden und konnte somit von E. coli-Zellen aufgenommen werden.

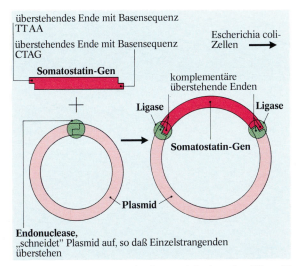

139.1. Das Somatostatin-Gen wird in ein Plasmid eingebaut.

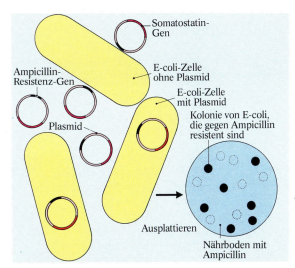

139.2. Identifizierung von Bakterien, die das Somatostatin-Gen enthalten

Nun gab man Plasmide mit dem Somatostatin-Gen in eine E. coli-Kultur. Nicht alle Bakterien nahmen jedoch ein Plasmid mit dem gewünschten Gen auf. Um die Bakterien mit dem Somatostatin-Gen von denen ohne dieses Gen trennen zu können, machte man sich folgende Tatsache zunutze: Die für die Genübertragung verwendeten Plasmide tragen in der Regel Antibiotikaresistenz-Gene, so zum Beispiel Gene für die Ampicillinresistenz. Man beimpfte nun ampicillinhaltige Nährböden mit Proben der E. coli-Kultur, zu der man Plasmide mit dem Somatostatin-Gen gegeben hatte. Es konnten sich nur die Proben zu Kolonien entwickeln, deren Zellen ein entsprechendes Resistenz-Gen enthielten. Die überlebenden Zellen waren also plasmidhaltig und trugen somit das Somatostatin-Gen. Die so ausgelesenen Bakterien konnte man in groß-technischen Anlagen kultivieren. Sie wurden abgetötet, und das Hormon Somatostatin konnte isoliert werden. Auch das Bauchspeicheldrüsenhormon *Insulin* kann heute mit Hilfe von Bakterien hergestellt werden. Gene, die größere Proteinmoleküle codieren, werden nicht im Labor synthetisiert. Statt dessen „schneidet" man sie mit Hilfe von Enzymen aus Chromosomen heraus und überträgt sie mit Hilfe von Plasmiden oder Viren auf Bakterien.

Die Forschungsrichtung, die sich mit solchen Genexperimenten beschäftigt, bezeichnet man als **Gentechnologie.** Sie gewinnt zunehmend industrielle Bedeutung.

„Let them pee on you if they must, but don't let them tell you it is raining."

Diese Antwort erhielt der amerikanische Mikrobiologe R. POLLAK, als er seine Frau um Rat fragte. Er hatte erfahren, daß der Wissenschaftler P. BERG ein Experiment plante, um DNA des Krebsvirus SV40 mit Hilfe eines Phagen in E. coli-Zellen einzuschleusen. POLLAK wußte, daß der SV40-Virus bei kleineren Säugetieren Tumoren hervorruft und auch menschliche Zellkulturen veranlaßt, sich wie Krebszellen zu verhalten. Er folgte dem Rat seiner Frau und rief P. BERG an. In einem längeren, lebhaft geführten Telefongespräch konnte er seinen berühmten Kollegen schließlich von der Gefährlichkeit des geplanten gentechnischen Experiments überzeugen. BERG bat um eine Bedenkzeit. Er gab schließlich sein Vorhaben auf. 1974 wurde die „recombinant DNA debate" in die Öffentlichkeit getragen. Namhafte Wissenschaftler wiesen auf die Gefährlichkeit gentechnischer Experimente hin. In vielen Ländern wurden Richtlinien für das Arbeiten mit neukombinierter DNA entwickelt und für verbindlich erklärt.

Drei Mütter für ein Kind?

Das folgende Fallbeispiel wäre mit Hilfe moderner Befruchtungstechniken möglich: Ein Ehepaar ist seit Jahren kinderlos. Eine medizinische Untersuchung ergibt, daß die Eierstöcke der Frau keine Eizellen produzieren; auch eine hormonelle Behandlung schafft keine Abhilfe. Zudem erscheint eine Schwangerschaft für die Frau lebensbedrohend, da sie an einer doppelseitigen Nierentuberkulose leidet. Dennoch möchten beide Ehepartner ein leibliches Kind.

Die Schwester der Frau erklärt sich bereit, für die Zeugung eines solchen Kindes Eizellen zur Verfügung zu stellen. Eine Schwangerschaft möchte sie wegen eines angeborenen Herzfehlers nicht eingehen. Nach einer hormonellen Behandlung werden dieser Frau Eizellen entnommen. Diese Eizellen werden außerhalb des weiblichen Körpers mit den Spermien des Ehemannes aus der kinderlosen Ehe befruchtet. Man bezeichnet eine solche Befruchtung außerhalb des Körpers als **In-vitro-Fertilisation** oder auch extrakorporale Befruchtung. Nach 48 Stunden – es haben etwa zwei Zellteilungen stattgefunden – werden die so erzeugten Embryonen in die Gebärmutter einer Frau übertragen, die sich bereit erklärt hat, den fremden Embryo auszutragen. Diese Ersatzmutter oder Leihmutter bringt also das Kind zur Welt. Nach der Geburt wird das Kind von seinen „Eltern", dem kinderlosen Ehepaar übernommen. Zu der Ehefrau wird das Kind „Mutter" sagen, zum Ehemann „Vater".

Als *biologische Mutter* des Kindes muß die Ei-Spenderin bezeichnet werden; von ihr stammt die Hälfte des Erbgutes. Die Ersatzmutter, in deren Leib das Kind vom Embryo zum Säugling heranwuchs, übernahm die Rolle einer *physiologischen Mutter*. Als *soziale Mutter* jedoch ist die Frau anzusehen, die sich dem Kind liebevoll zuwendet und es erzieht.

1. Mit wem ist das Kind verwandt?

2. Welche Gründe sprechen im Interesse des Kindes gegen eine Ersatzmutterschaft?

140.1. Geklonte Kartoffelpflanzen

2.2. Manipulation mit Zellen

Die Kartoffelpflanzen in Abb. 140.1. sind einander sehr ähnlich. Sie entstammen letztlich einer einzigen Blattzelle. Man bezeichnet solche identischen Nachkommen, die auf eine einzige Zelle zurückgehen, als *geklonte* Pflanzen. Die Erzeugung solcher genetisch einheitlicher Individuen aus einer Zelle nennt man **Klonierung.**

Zunächst behandelt man Blattstückchen einer Kartoffelpflanze mit Cellulase. Dieses Enzym baut Cellulose, den Hauptbestandteil der Zellwand, ab. Das Blatt wird somit in zellwandlose, „nackte" Zellen zerlegt, die man als *Protoplasten* bezeichnet. Sie sind lediglich von einer Zellmembran umgeben. In einem Medium mit einer bestimmten Konzentration pflanzlicher Hormone umgeben sich die einzelnen Protoplasten mit einer neuen Zellwand. Sie teilen sich wiederholt und wachsen jeweils zu einem undifferenzierten Zellhaufen, einem *Kallus*, heran. Unter dem Einfluß des pflanzlichen Hormons *Cytokinin* wachsen aus dem Kallus Sprosse hervor. Diese Sprosse können später vom Kallus abgetrennt und als Stecklinge auf ein Wachstumsmedium übertragen werden. In diesem Medium überwiegt das pflanzliche Hormon *Auxin*. Die Stecklinge beginnen nach kurzer Zeit, Wurzeln zu bilden. Es entstehen vollständige Kartoffelpflänzchen. Aus einer einzigen Zelle kann man so Tausende identischer Nachkommen mit bestimmten Merkmalen her-

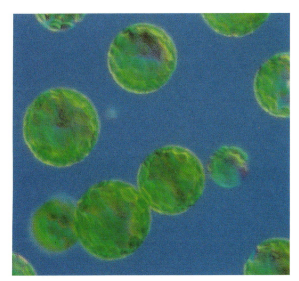

*141.1. **Pflanzliche Protoplasten** (Kartoffel)*

vorbringen. Dieses Verfahren ist weniger zeitaufwendig und kostengünstiger als herkömmliche Kreuzungen.

Es ist wiederholt gelungen, Protoplasten nahe verwandter Pflanzenarten miteinander zu verschmelzen, zu *fusionieren*. 1977 wurde die *Tomoffel* hervorgebracht, indem man Protoplasten von Tomaten- und Kartoffelpflanzen fusionierte. Es entstand zwar eine Staude, die im oberen Bereich „tomatenähnlich" und im Wurzelbereich „kartoffelähnlich" war. Diese Hybridpflanze bildete jedoch weder echte Kartoffeln noch echte Tomaten.

Man vermutet, daß die mitotischen Teilungen anormal ablaufen. Im Verlaufe wiederholter Teilungen verschwinden einzelne Chromosomen aus dem gemeinsamen Genom. Es wird bezweifelt, daß sich mit Hilfe der Protoplastenfusionierung Pflanzenarten züchten lassen, die bessere Eigenschaften als die Ausgangspflanzen haben.

Mehr Erfolg verspricht man sich von der Möglichkeit, in Protoplasten neue Gene einzuführen. So bemühen sich mehrere Forschergruppen, bakterielle Gene für die chemische Bindung des Luftstickstoffs in Protoplasten von Nutzpflanzen wie Weizen oder Mais einzuschleusen. So manipulierte Weizenpflanzen könnten dann selbst den Stickstoff der Luft fixieren und wären somit unabhängig von der energie- und kostenaufwendigen Stickstoffdüngung.

Superkühe von der Stange?

Die Züchtung genetisch hochwertiger Kühe mit Hilfe der üblichen Kreuzungstechniken ist mühsam und zeitaufwendig. Niedrige Nachkommenzahlen, eine lange Tragzeit und die großen Zeiträume zwischen den Generationen verhindern eine schnelle genetische Verbesserung.

Es werden jedoch Überlegungen angestellt, wie man durch Manipulation mit Zellen in kurzer Zeit viele erbgleiche Hochleistungskühe erzielen kann: Einer Hochleistungskuh (hier Superkuh genannt) werden Körperzellen entnommen. Aus diesen Zellen werden die Zellkerne herauspräpariert und in entkernte Eizellen normaler Kühe übertragen. Die so behandelten Eizellen enthalten die gleiche genetische Information. Sie entwickeln sich zu erbgleichen Embryonen. Während dieser Entwicklungszeit werden normale Kühe mit Hormonen behandelt. Ihr Zyklus wird so eingestellt, daß ihre Gebärmutter aufnahmebereit für einen Embryo ist. Nun werden die erbgleichen Embryonen in die hormonell vorbehandelten Empfängerkühe übertragen. Hier entwickeln sie sich zu erbgleichen Kälbern, die genetisch mit der Superkuh übereinstimmen. Sie wachsen zu Superkühen heran, die dann für die Milch- oder Fleischerzeugung genutzt werden können.

Die beschriebene Klonierung von Superkühen ist zur Zeit noch nicht möglich. Während die Klonierung von Fröschen schon gelang, sind entsprechende Versuche mit Säugetieren bisher wenig erfolgreich. Zwar gelang es 1979, Zellkerne von Mäuseembryonen in zuvor entkernte Eizellen zu verpflanzen und daraus erbgleiche Mäuse zu gewinnen. An landwirtschaftlich genutzten Säugetieren schlugen Klonierungsversuche jedoch bisher immer fehl.

3. Warum werden Eizellen bei Klonierungsversuchen zuvor entkernt?

4. Warum sind Klonierungsversuche mit Nutztieren von großem praktischen Interesse?

5. Worin könnten die Schwierigkeiten bei der Klonierung von Säugetieren im Vergleich zur Klonierung von Amphibien begründet sein?

Register

Fette Seitenzahlen weisen auf ausführliche Behandlung im Text hin; ein * hinter den Seitenzahlen verweist außerdem auf Abbildungen; f. = die folgende Seite; ff. = die folgenden Seiten.